**Angewandte Landschaftsökologie
Heft 9**

Arbeitsanleitung

Geotopschutz in Deutschland

Leitfaden der Geologischen Dienste der Länder der Bundesrepublik Deutschland

Ad-hoc-AG Geotopschutz

im Auftrag des Direktorenkreises der Geologischen Dienste der Länder,
der Bundesanstalt für Geowissenschaften und Rohstoffe sowie des
Bund/Länder-Ausschusses Bodenforschung

Abschlußbericht

Geotope Conservation in Germany

Guidelines of the Geological Surveys of the German Federal States

Ad-hoc Geotope Conservation Working Group

Commissioned by the Directors of the Geological Surveys of the Federal States,
the Federal Institute for Geosciences and Natural Resources and the
Georesearch Committee for the Federal and State Governments

Final Report

Bundesamt für Naturschutz
Bonn-Bad Godesberg 1996

Mitglieder der Ad-hoc-Arbeitsgruppe Geotopschutz
Members of the Ad-hoc-Geotope Conservation Working Group

Dr. Günther FREYER	Sächsisches Landesamt für Umwelt und Geologie Halsbrücker Str. 31 a, D-09599 Freiberg
Dipl.-Berging. (FH) Dieter GÖLLNITZ	Landesamt für Geowissenschaften und Rohstoffe Brandenburg Stahnsdorfer Damm 77, D-14532 Kleinmachnow
Prof. Dr. Christian JAHNEL	Geologisches Landesamt Rheinland-Pfalz Emmeranstr. 36, D-55116 Mainz
Dr. Baldur JUNKER	Geologisches Landesamt Baden-Württemberg Albertstr. 5, D-79104 Freiburg/i. Br.
Dr. Wolfgang KARPE	Geologisches Landesamt Sachsen-Anhalt Köthener Str. 34, D-06118 Halle
Dr. Eberhard KAUFMANN	Hessisches Landesamt für Bodenforschung Leberberg 9, D-65193 Wiesbaden
Dr. Ulrich LAGALLY	Bayerisches Geologisches Landesamt Heßstr. 128, D-80797 München
Dr. Ernst-Rüdiger LOOK	Niedersächsisches Landesamt für Bodenforschung, Bundesanstalt für Geowissenschaften und Rohstoffe Stilleweg 2, D-30655 Hannover
Dipl.-Geophys. Ina PUSTAL	Thüringer Landesanstalt für Geologie Carl-August-Allee 8–10, D-99423 Weimar
Dr. Peter-Helmut ROSS	Landesamt für Natur und Umwelt Schleswig-Holstein Hamburger Chaussee 25, D-24220 Flintbek
Dr. Werner SCHULZ	Geologisches Landesamt Mecklenburg-Vorpommern Pampower Str. 66/68, D-19061 Schwerin

Verantwortliche Redaktion, Gesamtbearbeitung/Chief editor:
Dir. u. Prof. Dr. E.-R. Look beim Niedersächsischen Landesamt für Bodenforschung (NLfB)

Redaktionelle Mitarbeit/Associate editor:

Dr. K. Goth	Sächsisches Landesamt für Umwelt und Geologie
Dr. B. Junker	Geologisches Landesamt Baden-Württemberg
Dr. J. Lagally	Bayerisches Geologisches Landesamt (Bay. GLA)

Übersetzung/Translation:
Dr. R.C. Newcomb, H. Toms, U. Wilkening (BGR), A. Grösch (Universität Erlangen)

Textverarbeitung/Word Processing:
H.H. Homann, M. Sydekum (NLfB)

Design und Graphik/Design and Graphics:
S. Scholz, C. Wisnicki, G. Nowak (NLfB), R. Eichhorn (Bay. GLA)

Titelbild/Cover Potograph:
Kalksteinbruch Langenberg/Oker bei Goslar: Schichten des Oberen Jura, steilaufgerichtet und überkippt durch die Heraushebung des Harzes (E.-R. Look, 1984)

Langenberg/Oker limestone quarry near Goslar: Steeply dipping Upper Jurassic limestones overturned due to folding associated with reserve faulting during the uplifting of the Harz Mts.

Herausgegeben vom Bundesamt für Naturschutz (BfN), Konstantinstraße 110, 53179 Bonn

Der Herausgeber übernimmt keine Gewähr für die Richtigkeit, die Genauigkeit und Vollständigkeit der Angaben sowie für die Beachtung privater Rechte Dritter. Die in den Beiträgen geäußerten Ansichten und Meinungen müssen nicht mit denen des Herausgebers übereinstimmen.

Nachdruck nur mit Genehmigung des BfN

Druck: Landwirtschaftsverlag GmbH, Münster-Hiltrup

Diese Veröffentlichung ist zum Preis von 19,80 DM zuzüglich Versandkosten beim Landwirtschaftsverlag GmbH, Hülsebrockstraße 2, 48165 Münster, zu beziehen.

ISBN: 3-89624-306-3

Gedruckt auf chlorfrei gebleichtem Papier

Bonn-Bad Godesberg 1996

Vorwort

Der Direktorenkreis (DK) der Geologischen Dienste der Länder der Bundesrepublik Deutschland und der Bundesanstalt für Geowissenschaften und Rohstoffe beschloß auf seiner Sitzung am 19./20. Mai 1992 "unter dem Vorbehalt anderslautender länderspezifischer Regelungen: Erdwissenschaftliche Objekte vermitteln Erkenntnisse über die Entwicklung, Aufbau und Eigenschaften der Erdkruste, repräsentieren den landschaftsprägenden Formenschatz und dienen häufig bedrohten Tieren und Pflanzen als Lebensraum. Ihre Erhaltung ist daher ein besonderes Anliegen der Geowissenschaften, aber auch des Artenschutzes. Die Erarbeitung der fachlichen Grundlagen für eine ausgewogene Unterschutzstellung von geowissenschaftlich schutzwürdigen Objekten ist Aufgabe der staatlichen geowissenschaftlichen Dienste. Der DK empfiehlt den Geologischen Landesämtern (GLÄ), die Erfassung von Geotopen und ihre fachspezifische Bewertung in verstärktem Maße durchzuführen, in Zusammenarbeit mit den zuständigen Stellen Vorschläge für dem geowissenschaftlichen Schutzzweck dienende Pflegemaßnahmen und Ausnahmeregelungen zu erarbeiten sowie Inschutznahmeverfahren zu initiieren". Die darauffolgende rechtliche Unterschutzstellung wird von den Naturschutz- oder anderen zuständigen Behörden der Bundesländer durchgeführt.

Für länderübergreifend nach vergleichbaren Maßstäben durchzuführende Unterschutzstellungen von Geotopen bedarf es abgestimmter Vorgehensweisen. Die erforderlichen Anleitungen und Festlegungen existieren erst in Ansätzen. Der DK hat daher auf seiner Sitzung am 20./21. Oktober 1992 "beschlossen, daß die GLÄ Bayern, Rheinland–Pfalz und Niedersachsen ein abgestimmtes Konzept zur Vorgehensweise beim Geotopschutz erarbeiten und dem DK vorlegen". Auf seiner Sitzung am 26. Oktober 1993 hat er den Personenkreis um Vertreter der Länder Baden–Württemberg, Brandenburg, Hessen, Mecklenburg–Vorpommern, Sachsen, Sachsen-Anhalt, Schleswig-Holstein und Thüringen erweitert und beauftragt, sich mit der **Erfassung** und **Bewertung** von Geotopen zu befassen. Er wurde vom Bund/Länder-Ausschuß Bodenforschung in seiner Sitzung vom 17./18. Mai 1994 als "Ad-hoc-AG Geotopschutz" eingesetzt. Aufgabe der Ad-hoc-AG Geotopschutz war u.a. "die Schaffung einer eindeutigen **Definition** des Begriffes **Geotop** und des Begriffes der **Schutzwürdigkeit des Geotopes**".

Die Ad-hoc-AG Geotopschutz legt hiermit als Arbeitsergebnis eine "Arbeitsanleitung Geotopschutz in Deutschland" vor.

Da sich auf Geotopen Biotope entwickeln können, kann es zu Interessenüberschneidungen zwischen Biotop- und Geotopschutz kommen. In diesen Fällen ist eine einvernehmliche Abwägung beider Schutzansprüche anzustreben. In den Schutzverordnungen für die einzelnen Schutzobjekte sind der jeweilige Schutzzweck sowie die spezifischen Schutz-, Pflege- und Erhaltungsmaßnahmen festzuschreiben. Vielfach sind dabei Kompromisse einzugehen.

Prof. Dr. Martin Uppenbrink
Präsident des Bundesamtes für Naturschutz

Prof. Dr. Martin Kürsten
Präsident und Professor der Bundesanstalt für
Geowissenschaften und Rohstoffe

Preface

During their meeting of 19 and 20 May 1992, the Directors of the Geological Surveys of the federal states and the Federal Institute for Geosciences and Natural Resources (BGR) agreed "except as otherwise provided in regulations specific to the individual federal states: Geological sites provide information on the evolution, structure and properties of the Earth's crust, they represent the great variety of features that characterize a landscape and they often represent the habitat of endangered animals and plants. For this reason, their preservation is of special concern to the geosciences, but also for protection of threatened animal and plant species. One of the responsibilities of a Geological Survey is to provide a scientific basis for a well-thought-out plan for legal protection of sites of nature conservation value on the basis of their geoscientific significance. The Directors have recommended that the Geological Surveys intensify their work on inventorying and assessing the geotopes in their areas, that they work out, together with the agencies responsible, proposals for protection measures and exemption rules which would help to achieve the geoscientific objectives, and that they initiate procedures for placing the sites under legal protection". The subsequent procedures for placing a site under legal protection will then be carried out by the nature conservation or other agencies of the respective federal state.

Procedures that are agreed upon by all of the German federal states and comparable standards are needed for geotope conservation. Only rudimentary guidelines and standards exist at present. Therefore, the Directors, at their meeting of 20 and 21 October 1992, "decided that the Geological Surveys of Bavaria, Rhineland-Palatinate and Lower Saxony shall work out a concept for geotope conservation and submit it to the Directors". During their meeting of 26 October 1993, the Directors enlarged this group to include representatives of Baden-Württemberg, Brandenburg, Hesse, Mecklenburg-Vorpommern, Saxony, Saxony-Anhalt, Schleswig-Holstein, and Thuringia and commissioned them to inventory and assess geotopes. During the meeting of the Georesearch Committee of the federal and state governments (Bund/Länder Ausschuss Bodenforschung) on 17 and 18 May 1994, this group was commissioned as the Ad-hoc Geotope Conservation Working Group to "unambiguously define the terms "geotope" and "geotope of nature conservation value".

The Ad-hoc Geotope Conservation Working Group submits here the results of their work: "Guidelines for Geotope Conservation in Germany".

Since a geotope can develop into a biotope, it is possible that conflicts of interest arise between biotope an geotope conservation. In theses cases, a satisfactory balance should be found between the two interests. In the regulations covering the individual conservation sites, the objektives of conservation and the special protection measures designed to attain these should be clearly defined. It is often possible to incorporate suitable compromises at this stage.

Prof. Dr. Martin Uppenbrink
President of the Federal Agency for
Nature Conservation

Prof. Dr. Martin Kürsten
President and Professor of the Federal Institute
for Geosciences and Natural Resources

Inhaltsverzeichnis

Vorwort

1	**Einführung**	3
2	**Definitionen**	4
3	**Ziele und Aufgaben**	6
3.1	Ziele des Geotopschutzes	6
3.2	Handlungsbedarf beim Geotopschutz	6
3.3	Aufgaben der Geologischen Dienste beim Geotopschutz	6
4	**Geotoptypen**	8
4.1	Aufschlüsse	8
4.2	Formen	9
4.3	Quellen	9
5	**Erfassung von Geotopen**	10
5.1	Übersichtserhebung	10
5.2	Detailerfassung	12
5.3	Flächendeckende Inventarisierung	12
6	**Bewertung von Geotopen**	15
6.1	Ermittlung des geowissenschaftlichen Wertes	15
6.1.1	Allgemeine geowissenschaftliche Bedeutung	15
6.1.2	Regionalgeologische Bedeutung	16
6.1.3	Öffentliche Bedeutung für Bildung, Forschung und Lehre	16
6.1.4	Erhaltungszustand	16
6.1.5	Anzahl gleichartiger Geotope in einer geologischen Region	16
6.1.6	Anzahl geologischer Regionen mit gleichartigen Geotopen	16
6.2	Ermittlung der Schutzbedürftigkeit	17
6.2.1	Gefährdung von Geotopen	17
6.2.2	Schutzstatus vergleichbarer Geotope	18
6.3	Gesamtergebnis der Bewertung	18
7	**Schutz und Pflege von Geotopen**	19
7.1	Schutzmaßnahmen	20
7.2	Pflege- und Erhaltungsmaßnahmen	20
7.3	Freistellungen und Gestattungen	20
8	**Rechtsvorschriften des Bundes und der Länder zum Geotopschutz**	21
9	**Zusammenfassung**	23
10	**Literaturverzeichnis**	24

Anhang

Anlage 1	Erläuterung ausgewählter geowissenschaftlicher Begriffe	25
Anlage 2	Erfassungsbeleg Geotop (Muster)	42
Anlage 3	Bewertungsbeleg Geotop (Muster)	45
Anlage 4	Beleg für Schutz und Pflege von Geotopen (Muster)	47
	Geotope Conservation in Germany (Table of contents: see next page)	49
Abb. 2	Ausschnitt aus der Geologischen Karte der Bundesrepublik Deutschland	95
Fotos 1-20	Beispiele von Geotopen in Deutschland	96

Table of Contents

Preface

1	**Introduction**	49
2	**Definition**	50
3	**Objectives and Responsibilities**	52
3.1	Objectives of geotope conservation	52
3.2	Need for action with regard to geotope conservation	52
3.3	Responsibilities of the Geological Surveys related to geotope conservation	52
4	**Types of Geotopes**	54
4.1	Exposures	54
4.2	Landformes	55
4.3	Springs and artesian wells	55
5	**Inventorying of Geotopes**	56
5.1	General survey	56
5.2	Detailed survey	58
5.3	Area-wide inventory	58
6	**Assessment of Geotopes**	61
6.1	Determination of the geoscientific value	61
6.1.1	General geoscientific significance	61
6.1.2	Significance for the regional geology	62
6.1.3	Significance for education, research and teaching	62
6.1.4	State of preservation	62
6.1.5	Number of similar geotopes in a geological region	62
6.1.6	Number of geological regions with similar geotopes	62
6.2	Determination of the need for protection	63
6.2.1	Threats to geotopes	63
6.2.2	Protection status of comparable geotopes	64
6.3	Overall assessment	64
7	**Protection and Maintenance of Geotopes**	65
7.1	Legal protection measures	66
7.2	Maintenance measures	66
7.3	Access regulations	66
8	**Legal provisions of the government of the Federal Republic of Germany and of the governments of the individual federal states**	67
9	**Summary**	69
10	**Literature**	70

Appendices

Appendix 1	Definitions of selected terms of geotope	71
Appendix 2	Geotope documentation form	88
Appendix 3	Geotope assessment form	91
Appendix 4	Protection and maintenance form for geotopes	93
Figure 2	Section of the Geological Map of the Federal Republic of Gemany	95
Foto 1-20	Examples of geotopes in Germany	96

Arbeitsanleitung
Geotopschutz in Deutschland
Leitfaden der Geologischen Dienste der Länder der Bundesrepublik Deutschland

1 Einführung

In der Vergangenheit sind vielfach geologische Einzelschöpfungen der Natur, aber auch größere Landschaftsteile mit besonderer erdgeschichtlicher Bedeutung, aufgrund behördlicher und privater Initiativen als Natur- oder Bodendenkmäler durch die zuständigen Behörden unter Schutz gestellt worden. Allerdings lag diesen Maßnahmen keine systematische und umfassende geowissenschaftliche Erfassung und Bewertung zugrunde. Vielmehr waren sie als vorrangig biologisch motivierte Unterschutzstellungen häufig das Resultat der Arbeit von Naturschutzbehörden und Heimatverbänden, aber auch von hauptsächlich auf lokaler Ebene tätigen interessierten und engagierten Gruppen oder Einzelpersonen.

Gesicherte und vergleichbare Aussagen zum Gesamtbestand und zur Bedeutung von Geotopen sind derzeit wegen der unterschiedlichen räumlichen Zuständigkeiten und Vorgehensweise innerhalb der einzelnen Länder der Bundesrepublik Deutschland nicht möglich. Insbesondere lassen sich über Ländergrenzen hinweg keine vergleichbaren Aussagen machen. Der Grund liegt darin, daß eine sinnvolle Bewertung von Geotopen nur aus der Gesamtschau des vollständigen Inventars und aus dem direkten Vergleich von ähnlichen Objekten erfolgen kann. Um repräsentative Ergebnisse zu erhalten, müssen zumindest die für den Vergleich herangezogenen Gebiete in gleicher Weise und vollständig bearbeitet sein. Dies ist bisher jedoch nur in wenigen Ländern bzw. in Teilbereichen davon der Fall (vgl. Tabelle 1).

Tab. 1: Geotoperfassung in Deutschland (Stand 1994)

Land	Fläche [km^2]	Intensität der Erfassung	Anzahl erfaßter Geotope
Berlin	883	Übersichtserhebung	45
Baden-Württemberg	35751	Übersichtserhebung	3195
Bayern	70547	Übersichtserhebung	2910
Brandenburg	29475	Übersichtserhebung und teilw. Detailerfassung	500
Hamburg	755	Flächendeckende Inventarisierung	33
Hessen	21113	Übersichtserhebung	435
Mecklenburg-Vorpommern	23167	Übersichtserhebung und teilw. Detailerfassung	430
Niedersachsen und Bremen	47768	Flächendeckende Inventarisierung abgeschlossen	1500
Nordrhein-Westfalen	34068	Übersichtserhebung und Detailerfassung	3200
Rheinland-Pfalz	19852	Teilw. Übersichtserhebung	40
Schleswig-Holstein	15732	Übersichtserhebung	365
Saarland	2570	Teilw. Übersichtserhebung	384
Sachsen	18407	Übersichtserhebung und teilw. Detailerfassung	650
Sachsen-Anhalt	20444	Übersichtserhebung	520
Thüringen	16175	Übersichtserhebung	449

2 Definitionen

Im deutschen Sprachgebrauch existierte bislang kein eindeutiger und allgemein anerkannter Fachausdruck für die Beschreibung und Definition besonderer geowissenschaftlicher Objekte, also Bildungen der unbelebten Natur. Aufschlüsse, Landschaftsformen, erdgeschichtliche Bildungen usw. wurden als Naturschöpfungen, Bildungen, Gebilde, Erscheinungen oder als "Geowissenschaftlich schutzwürdige Objekte (GEOSCHOB)" bzw. "Geologische Naturdenkmale (GND)" bezeichnet.

Mit dem Begriff "Geotop" wurde ursprünglich in der geographischen Fachliteratur für die Raumplanung der DDR die kleinste "quasihomogene Grundeinheit" des Naturraumes bezeichnet (HAASE 1980). In der Folgezeit vollzog sich dann ein Begriffswandel, wobei der raumplanerische Aspekt zurücktrat. Von der "Arbeitsgemeinschaft Geotopschutz in deutschsprachigen Ländern" wird der Begriff angewandt auf "an der Erdoberfläche erkennbare oder von dieser aus zugängliche Teile der Geosphäre, die räumlich begrenzt und im geowissenschaftlichen Sinne von ihrer Umgebung klar unterscheidbar sind" (GRUBE & WIEDENBEIN 1992).

Beim Geotop handelt es sich – in Analogie zum Biotop – um einen Ort (griech: topos), an dem jedoch nicht die belebte Natur (griech: bios), sondern Entwicklung, Aufbau und Eigenschaften der Erde (griech: gä) besondere Bedeutung haben. Der Geotop ist somit an einen bestimmten Ort gebunden. Daher bedarf dieser Ort des Schutzes, sofern der Geotop erhalten werden soll.

In den letzten Jahren wurden verschiedentlich Definitionen vorgelegt, die eine eindeutige Festlegung des Fachausdruckes "Geotop" zum Ziel hatten. Dieser Ausdruck war in der Vergangenheit immer häufiger analog zum Begriff "Biotop" benutzt worden und hatte, da Definitionsversuche recht unterschiedlicher Motivation entsprangen und daher dementsprechend heterogene Zielsetzung hatten, zu Mißverständnissen geführt. Eine eindeutige Definition des Begriffes "Geotop" ist erforderlich geworden, weil in der staatlichen Verwaltung, in der Fachwelt und in der Öffentlichkeit die Diskussion über den Erhalt und gesetzlichen Schutz von "Geotopen" deutlich zugenommen hat. Die Ad–hoc–Arbeitsgruppe Geotopschutz hat deshalb Definitionen für die Begriffe "Geotop", "Schutzwürdiger Geotop" sowie "Geotopschutz" erarbeitet. Diese Definitionen bauen auf der in bestehenden Gesetzen verwendeten Nomenklatur auf und vermeiden nach Möglichkeit geowissenschaftliche Fachausdrücke. Sie sind in erster Linie zur Einbeziehung in Gesetzgebungsverfahren und für Vollzugsaufgaben für den Schutz, die Pflege und den Erhalt von Geotopen bestimmt. Daher sind neben leicht verständlichen Fachbegriffen vor allem solche Ausdrücke herangezogen worden, die bereits im Bundesnaturschutzgesetz und in Landesnaturschutzgesetzen Verwendung gefunden haben, wie z.B. Seltenheit, Eigenart oder Schönheit sowie wissenschaftliche, natur- oder heimatkundliche Bedeutung:

Geotope sind erdgeschichtliche Bildungen der unbelebten Natur, die Erkenntnisse über die Entwicklung der Erde oder des Lebens vermitteln. Sie umfassen Aufschlüsse von Gesteinen, Böden, Mineralien und Fossilien sowie einzelne Naturschöpfungen und natürliche Landschaftsteile.

Schutzwürdig sind diejenigen Geotope, die sich durch ihre besondere erdgeschichtliche Bedeutung, Seltenheit, Eigenart oder Schönheit auszeichnen. Für Wissenschaft, Forschung und Lehre sowie für Natur- und Heimatkunde sind sie Dokumente von besonderem Wert. Sie können inbesondere dann, wenn sie gefährdet sind und vergleichbare Geotope zum Ausgleich nicht zur Verfügung stehen, eines rechtlichen Schutzes bedürfen.

Geotopschutz ist der Bereich des Naturschutzes, der sich mit Erhaltung und Pflege schutzwürdiger Geotope befaßt. Die fachlichen Aufgaben der Erfassung und Bewertung von Geotopen sowie die Begründung von Vorschlägen für Schutz-, Pflege- und Erhaltungsmaßnahmen für schutzwürdige Geotope werden von den Geologischen Diensten der Länder wahrgenommen. Der Vollzug erfolgt durch die zuständigen Naturschutzbehörden.

In dieser "Arbeitsanleitung Geotopschutz in Deutschland" wird nur das Naturschutzrecht als Rechtsinstrument des Geotopschutzes angeführt. Dort, wo nach Denkmalschutzgesetz verfahren wird, ist entsprechend vorzugehen.

3 Ziele und Aufgaben

Geotope sind Teil des erdgeschichtlichen Naturerbes. Sie können durch verschiedenartige Einflüsse wie Baumaßnahmen, Verwitterung, Bewuchs u.a.m. in ihrem Bestand gefährdet sein. In der Regel sind sie unersetzlich und auch mit großem Aufwand nur in Einzelfällen wiederherstellbar. An der Erhaltung und Pflege bedeutender Geotope besteht daher neben dem wissenschaftlichen auch ein öffentliches Interesse.

3.1 Ziele des Geotopschutzes

Der Geotopschutz in den Ländern erfolgt auf der Grundlage der zur Zeit bestehenden gesetzlichen Regelungen, vorwiegend der Naturschutzgesetze der Länder. Hierbei ist jedoch eine klare Abgrenzung des Geotopschutzes (unbelebte Natur) von der automatischen Unterschutzstellung, wie sie im Bundesnaturschutzgesetz (BNatSchG) § 20c und in einigen Landesnaturschutzgesetzen für Biotope (belebte Natur) festgelegt ist, dringend erforderlich. Den Zielen des Geotopschutzes widerspricht es, bestimmte Geotope pauschal gesetzlich zu schützen. **Vielmehr sollen aus der Gesamtheit der Geotope nur diejenigen geschützt werden, die sich durch ihre besondere erdgeschichtliche Bedeutung, Seltenheit, Eigenart oder Schönheit auszeichnen und für Wissenschaft, Forschung, Lehre sowie für Natur- und Heimatkunde von besonderem Wert sind.**

Aus geowissenschaftlicher Sicht bedürfen somit nur Geotope von besonderem Wert eines gesetzlichen Schutzes, vor allem, wenn sie in ihrer Existenz oder charakteristischen Ausbildung gefährdet sind und vergleichbare Objekte nicht zur Verfügung stehen.

Der Geotopschutz sollte daher zusätzlich im Bundes- und in den Landesnaturschutzgesetzen festgeschrieben werden.

In der Regel sind schutzwürdige Geotope als Naturdenkmale auszuweisen; in Ausnahmefällen als geschützte Landschaftsbestandteile oder, bei flächenhaften Objekten, als Naturschutzgebiete

3.2 Handlungsbedarf beim Geotopschutz

In den einzelnen Bundesländern sind bisher unterschiedliche Verfahren zur Erfassung und Bewertung von Geotopen angewandt worden. Einheitliche Definitionen bzw. länderübergreifende Vorgehensweisen, die zu vergleichbaren Ergebnissen führen, fehlten bisher ebenso wie die Festschreibung von erforderlichen Schutz-, Pflege- und Erhaltungsmaßnahmen sowie Freistellungen für die Zugänglichkeit geschützter Geotope in den Schutzverordnungen. Gesicherte Angaben zum Gesamtbestand an schutzwürdigen Geotopen in Deutschland sind daher derzeit nicht möglich. Eine bundesweit abgestimmte einheitliche Bearbeitung der Geotope ist deshalb unerläßlich. Die nötigen geowissenschaftlichen Grundlagen für einen ausgewogenen Geotopschutz nach bundesweit einheitlichen Kriterien werden mit dieser Arbeitsanleitung vorgelegt.

3.3 Aufgaben der Geologischen Dienste beim Geotopschutz

Zu Erfassung und fachspezifischer Bewertung von Geotopen bedarf es fundierter geologischer Kenntnisse. Diese sind bei den für die Unterschutzstellung und Pflege von Geotopen zuständigen Behörden jedoch nur in Ausnahmefällen im erforderlichen Umfang vorhanden. Da aber gerade für diese Aufgabe ein breit gestreutes, geowissenschaftliches Fachwissen, eine enge Zusammenarbeit unterschiedlicher geowissenschaftlicher Fachrichtungen und umfassende Kenntnisse der regionalen geologischen Gegebenheiten erforderlich sind und nur unter diesen Voraussetzungen eine solide fachliche Grundlage für Schutz-, Pflege- und Erhaltungsmaßnahmen geschaffen werden kann, sind Erfassung und Bewertung von schutzwürdigen Geotopen originäre Aufgaben der Geologischen Dienste der Länder.

Wegen des breiten Spektrums potentiell schutzwürdiger Geotope kollidiert der Geotopschutz häufig zwangsläufig mit anderen Nutzungsansprüchen. Um die Konfliktfälle gering zu halten, sollte sich eine rechtliche Unterschutzstellung auf diejenigen Objekte beschränken, für deren Erhalt ein besonderes fachliches oder öffentliches Interesse besteht. Der Geotopschutz muß hinreichend flexibel sein, um von vornherein auch andere Nutzungsansprüche berücksichtigen zu können. Alternativstandorte sind in die Betrachtungen einzubeziehen und Lösungen zu befürworten, die einen angemessenen Interessenausgleich gewährleisten. – Diese Abwägungen und die geowissenschaftlichen Begründungen hierfür sind Aufgabe der geowissenschaftlichen Fachbehörden der Länder (Geologische Dienste), die im Rahmen der Beteiligung der Träger öffentlicher Belange einzuschalten sind. Die Ergebnisse sind als fachbehördliche Aussage den für die Unterschutzstellung zuständigen Behörden, i.a. den Naturschutzbehörden, vorzulegen.

4 Geotoptypen

Als Anhaltspunkt für den Bearbeiter bei der Erfassung von Geotopen im Gelände dient die im Anhang als Anlage 1 aufgeführte Zusammenstellung ausgewählter geowissenschaftlicher Begriffe. Sie erhebt mit den drei Hauptgruppen Aufschlüsse, Formen und Quellen keinen Anspruch auf Vollständigkeit. Für die einzelnen Bundesländer sind jeweils nur Teile der Aufzählung relevant. Diese Liste ausgewählter geowissenschaftlicher Begriffe (Geotope) ersetzt nicht das Studium der einschlägigen Fachliteratur und auch kein Fachwörterbuch. Vielmehr soll sie die Vielfalt der erdgeschichtlichen Bildungen verdeutlichen. Besonderer Wert ist auf die Hervorhebung der für den Geotopschutz wichtigen charakteristischen Merkmale unterschiedlicher Geotope gelegt. Die Kurzerläuterungen sind dabei weniger für den Geowissenschaftler als vielmehr für die ausführenden Naturschutzbehörden und die interessierte Öffentlichkeit gedacht.

Die Aufnahme in die Liste erfolgte wertfrei, d.h. sie enthält die bekannten Geotoptypen unabhängig davon, ob sie schutzwürdig sind oder nicht. Auf keinen Fall stellt diese Liste eine Grundlage für pauschale Unterschutzstellungen von Geotopen im Sinne einer "Rote Liste", wie etwa für den Arten- oder Biotopschutz, dar. Die Aufstellung einer derartigen Liste ist wegen der Vielzahl unterschiedlicher Geotope, wegen des verschiedenartigen Aussagewertes von Geotopen desselben Types und wegen ihrer individuellen Ausprägung nicht sinnvoll. Die Schutzwürdigkeit eines Geotopes kann daher immer nur durch die Beurteilung des jeweiligen Einzelobjektes in seinem näheren und weiteren geologischen Umfeld ermittelt werden.

4.1 Aufschlüsse (Anlage 1, Ziffer 1)

"Natürliche" Aufschlüsse sind Freilegungen von Gesteinen und Böden, die durch natürliche Prozesse entstanden sind. Sie umfassen Hanganrisse, Felswände, Prallhänge, Flußbetten, Kliffs und Bachprofile. Zu den Aufschlüssen gehören auch die "von Menschen geschaffenen" Freilegungen von Gesteinen und Böden wie Steinbrüche, Ton-, Sand- und Kiesgruben, künstliche Böschungen, Hohlwege, Baugruben usw. sowie untertägig durch Bergbau, Bohrtechnik oder sonstige Maßnahmen geschaffene Gesteinsaufschlüsse.

Dagegen werden geohistorische (bergbautechnische) Objekte, d.h. Bildungen, die durch die ehemalige Gewinnung von mineralischen Rohstoffen entstanden sind, nur dann als Geotope im Sinne der o.g. Definitionen eingestuft, wenn sie im unmittelbaren räumlichen Zusammenhang mit Aufschlüssen stehen. Darunter sind z.B. Pingen, Schächte, Schürfe, Tunnel, Stollen und Gruben oder deren Überreste zu verstehen.

In Aufschlüssen können

- Gesteine,
- Böden,
- Mineralien,
- Fossilien,
- Lagerungsverhältnisse/Tektonik oder
- Sedimentstrukturen

freigelegt sein. Ferner können sie

- Typlokalitäten darstellen oder
- Richtprofile enthalten.

4.2 Formen (Anlage 1, Ziffer 2)

Hierzu zählen alle Landschaftsformen und Bildungen an der Erdoberfläche, die durch natürliche Vorgänge entstanden bzw. im Verlauf der Erdgeschichte verändert worden sind. Hingegen werden künstliche Landschaftsformen wie Dämme, Halden, Deponiekörper u.ä., auch wenn sie natürlichen Gegebenheiten nachgebildet sind, nicht als Geotope eingestuft.

Formen werden untergliedert in

- Fluviatile und gravitative Abtragungs- und Ablagerungsformen,
- Küstennahe Abtragungs- und Ablagerungsformen,
- Glaziale und periglaziale Abtragungs- und Ablagerungsformen,
- Windbedingte Abtragungs- und Ablagerungsformen,
- Lösungsbedingte Abtragungs- und Ablagerungsformen,
- Verwitterungsformen,
- Seen und Moorbildungen,
- Magmatische Bildungen und
- Impaktbildungen

4.3 Quellen (Anlage 1, Ziffer 3)

Quellen sind örtlich begrenzte Grundwasseraustritte. Sie können natürlicher Entstehung oder durch Einwirkung des Menschen geschaffen worden sein.

5 Erfassung von Geotopen

Umfassender Geotopschutz sichert den Erhalt von Geotopen, die für bestimmte Landschaftsräume, regionalgeologische Einheiten oder Abschnitte der Erdgeschichte bedeutend, typisch oder einzigartig sind. Dieses Ziel kann aber nur bei Kenntnis des gesamten geowissenschaftlichen Inventars erreicht werden. Dazu ist eine vollständige Erfassung der Geotope, d.h. eine flächendeckende Inventarisierung erforderlich. Unter Erfassung von Geotopen werden alle Arbeiten verstanden, die zu einer verbalen, zeichnerischen, kartographischen oder fotografischen Dokumentation führen.

Die Erfassung der Geotope soll zweckmäßigerweise in aufeinanderfolgenden Arbeitsschritten vorgenommen werden. In einem ersten Schritt ist zunächst im Rahmen einer **Übersichtserhebung** ein Überblick über den Geotopbestand eines Landschaftsraumes zu schaffen (Arbeitsschritt 1). Dieser Kenntnisstand wird in einem weiteren Arbeitsschritt durch **Detailerfassung** konkretisiert und erweitert (Arbeitsschritt 2). Mit der **flächendeckenden Inventarisierung** (Arbeitsschritt 3) wird schließlich die vollständige Erfassung der Geotope eines Landschaftsraumes erreicht. Sie ist Grundlage für eine abschließende **vergleichende Bewertung** aller Objekte.

Die Dokumentation und Pflege der im maskenorientierten Erfassungsbeleg Geotop (Anlage 2) erhobenen Daten erfolgt im zuständigen Geologischen Dienst des jeweiligen Landes. Ebenfalls dort werden die entsprechenden Datenbanken für Geotope eingerichtet, gepflegt und betrieben, die in die jeweiligen Bodeninformationssysteme der Länder (BIS) integriert werden. Auch über zentrale Kernsysteme könnte ein Zugriff auf die vorliegenden Daten zu den Geotopen realisiert werden. Alle bereitgestellten Abfragesysteme müssen so strukturiert sein, daß jedem Anwender nach Festlegung der Suchbedingungen ermöglicht wird, Datensätze (Objekte) zu selektieren und nach vorgegebenen Regeln auszuwerten und darzustellen.

5.1 Übersichtserhebung

Ziel der Übersichtserhebung ist es, eine **erste Übersicht** über die Geotope eines Untersuchungsgebietes zu erhalten. Im wesentlichen wird der erforderliche Kenntnisstand durch eine Auswertung der einschlägigen Literatur erreicht. Aus der Gesamtheit der Aufschlüsse, Formen und Quellen (potentielle Geotope) wird daraufhin eine Auswahl an Objekten getroffen, die in einem weiteren Arbeitsschritt im Detail bearbeitet werden.

Die Vorgehensweise bei der Übersichtserhebung eines bestimmten Bearbeitungsraumes gliedert sich in die Arbeitsschritte

- Auswertung der Fachliteratur, Karten, Archivdaten und amtlichen Verzeichnisse,
- Vorauswahl von Objekten,
- Dokumentation der Daten und
- vereinzelte Geländebegehungen.

Bereits geologische, bodenkundliche, hydrogeologische, lagerstättenkundliche und ingenieurgeologische Übersichtskarten erlauben eine erste Abschätzung des Geotop-Inventars eines Gebietes. Obwohl diese kleinmaßstäblichen Kartengrundlagen keine genauen Lokalitätsbestimmungen gestatten, liefern sie zunächst die nötigen Informationen über den geologischen Aufbau eines Gebietes und die dort zu erwartenden Aufschlußverhältnisse. Zur weiteren Vertiefung der Kenntnisse sollen zusätzliche Informationsquellen herangezogen werden. Dafür können vielfältige Unterlagen zur Verfügung stehen, wie z.B.

- Geologische Spezialkarten 1 : 25 000 (GK 25) mit Erläuterungen und Aufschlußbeschreibungen,
- Geologische Zeitschriften mit Karten zur Regionalgeologie,
- grundlegende Werke zur Landesgeologie, Geologische Führer,
- Publikationen der geowissenschaftlichen Institute der Universitäten (Dissertationen, Diplomarbeiten, Exkursionsführer),
- Veröffentlichungen regionaler naturwissenschaftlicher Vereine,
- Literatur zum Naturschutz, Heimatbücher, Landkreisbeschreibungen,
- Topographische Karten (TK 25, TK 50, TK 100) mit Verwaltungsgrenzen,
- Orohydrographische Karten,
- Karten der naturräumlichen Gliederung,
- Karten, Verzeichnisse und Rechtsverordnungen für Natur- und Bodendenkmäler, geschützte Landschaftsbestandteile, Naturschutzgebiete, National- und Naturparke, Landschaftsschutzgebiete, Grabungsschutzgebiete und Biosphärenreservate oder
- Karten und Rechtsverordnungen für Wasser- und Heilquellenschutzgebiete.

Aus den vorliegenden Informationen müssen aussagekräftige Geotope ausgewählt werden, die einen generellen Überblick über den geologischen Bau und die erdgeschichtliche Entwicklung des zu bearbeitenden Raumes ermöglichen sollen. Die Auswahl umfaßt Objekte und Gebiete, die bereits aus geowissenschaftlichen Gründen geschützt sind, ebenso wie solche, die noch ungeschützt sind; diese sollen für die Region typisch sein und einen hohen geowissenschaftlichen Wert (Typlokalitäten, Richtprofile) besitzen bzw. sogenannte "klassische" Lokalitäten oder Seltenheiten darstellen. Die Auswahl typischer Objekte soll das charakteristische stratigraphische und morphologische Inventar eines Bearbeitungsraumes dokumentieren. Damit wird nicht nur das Spektrum prägender und landschaftstypischer Gesteine erfaßt, sondern auch das Erkennen von Seltenheiten und Besonderheiten erleichtert.

Manchmal lassen sich bis zu einem gewissen Grad bereits aus den geologischen Beschreibungen von Einzelbildungen oder ausgewählter Räume Aussagen für größere Gebiete ableiten. Insbesondere ist dies der Fall, wenn eine moderne geologische Karte im Maßstab 1 : 25 000 (GK 25) mit Erläuterungen vorliegt. Die GK 25 ist meist ausreichend genau, um bereits vor einer Geländeüberprüfung Hinweise auf weitere Geotope auf einem Kartenblatt zu erhalten. Gelegentlich erlauben diese bereits bei der Übersichtserhebung aufgenommenen Daten schon eine Abschätzung des geowissenschaftlichen Wertes des Geotopes und können zu Hinweisen auf seine mögliche Schutzwürdigkeit führen.

Die vorausgewählten Geotope werden in Bestandslisten o.ä. dokumentiert. Sofern dies mit den vorhandenen Unterlagen bereits möglich ist, sind zusätzlich das Objekt beschreibende und für die Auswertung und Weiterverarbeitung erforderliche Angaben in den "Erfassungsbeleg Geotop" (Anlage 2) einzutragen. Häufig sind zu diesem Zeitpunkt die Detailinformationen jedoch noch nicht ausreichend, so daß eine komplette Datenerfassung noch nicht möglich ist. Sofern Gelegenheit dazu besteht, kann in Einzelfällen bereits jetzt die für die Detailerfassung vorgesehene Überprüfung des Objektes im Gelände erfolgen (siehe Kap. 5.2).

Stehen mehrere Geotope in genetisch und räumlich enger Beziehung ("Geotop-Ensemble"), so können sie geeignet sein, erdgeschichtliche Vorgänge oder geologische Zusammenhänge besonders deutlich zu demonstrieren. Daher werden besonders aussagekräftige Ensembles häufig als Begründung des Schutzzweckes von naturschutzrechtlich bereits geschützten Gebieten angeführt. Wegen ihrer besonderen Bedeutung, Seltenheit, Eigenart oder Schönheit sind diese Gebiete oft schon umfassend geologisch, geomorphologisch oder bodenkundlich beschrieben. Daher kann diese Literatur als Arbeitsgrundlage für die Übersichtserhebung dienen. Eine genauere Bearbeitung aus geowissenschaftlicher Sicht hat dann im Zuge der Detailerfassung (2. Arbeitsschritt) zu erfolgen.

Die Datenerfassung ist nach einheitlichen und vergleichbaren Kriterien vorzunehmen. Die Mindestanforderungen sind in Anlage 2 dargestellt.

5.2 Detailerfassung

Auf die Übersichtserhebung (Arbeitsschritt 1) folgt die detaillierte Erfassung der Geotope (Arbeitsschritt 2). Im Rahmen der Detailerfassung werden von den zu diesem Zeitpunkt **bereits bekannten** Objekten auf dem Erfassungsbeleg Geotop (Anlage 2) vor allem diejenigen Angaben aufgenommen, die bei der Übersichtserhebung ohne Geländebegehung nicht erhoben werden konnten. Dazu zählen in erster Linie Angaben über den Zustand, die Größenverhältnisse, eine mögliche Gefährdung sowie die aktuelle Nutzung; zusätzlich wird eine Fotodokumentation angelegt. Weiterhin sind naturschutzrechtlich bereits geschützte Gebiete (Naturschutzgebiete, Nationalparke usw.), die verschiedentlich auch aus geowissenschaftlichen Gründen unter Schutz gestellt worden sind, zu überprüfen und ihre Geotope zu erfassen. Zusätzlich werden Objekte, die bei den weiteren Recherchen bekannt werden, in die Bestandsliste aufgenommen, entsprechend der in Kap. 5.1 angeführten Vorgehensweise beschrieben sowie durch Begehungen im Gelände untersucht und inventarisiert. Sämtliche Angaben werden homogenisiert und für eine Weiterverarbeitung aufbereitet.

Auch wenn eine detaillierte Erfassung der Objekte schon bereits durch die Auswertung von vorliegenden Kartierungen, Literatur und Archivmaterial im Rahmen der Übersichtserhebung erfolgte, sind häufig noch intensive Geländebegehungen erforderlich, die neben der ergänzenden Datenerhebung auch eine Spezialkartierung einzelner Objekte beinhalten können. Diese Begehungen dienen somit der Ergänzung und Absicherung der bisher vorgenommenen Erfassungen der Objekte.

Nach der Detailerfassung müssen alle Daten erhoben sein (s. Anlagen 2 und 3), die für eine vollständige Dokumentation und Bewertung (s. Kap. 6) jedes einzelnen **ausgewählten** Geotopes erforderlich sind. Die Datenbestände werden in einem Geotopkataster gespeichert, gepflegt und weiterverarbeitet. Nach der fachlichen Bewertung der Geotope können begründete Vorschläge zur Unterschutzstellung gemacht werden.

5.3 Flächendeckende Inventarisierung

Durch die bisher durchgeführten Arbeiten kann das **Geotopinventar** noch nicht in seiner Vollständigkeit erfaßt werden. Um aber das Ziel zu erreichen, den Bestand an Geotopen eines Untersuchungsraumes, z.B. eines Kartenblattes, **komplett**, also über die bisher bekannten hinaus, zu erfassen, muß nach der Übersichtserhebung (Kap. 5.1) und der Detailerfassung (Kap. 5.2) eine **flächendeckende Inventarisierung** angestrebt werden. Die Kenntnis zum vollständigen Geotopinventar kann letzlich nur durch diese flächendeckende Inventarisierung erreicht werden.

In der Regel folgt die flächendeckende Inventarisierung auf die Detailerfassung, in deren Verlauf alle aufgrund der Literaturarbeit oder vereinzelter Geländebegehungen bekannten Geotope erfaßt worden sind. Sie kann aber auch als alleiniger Arbeitsschritt, d.h. ohne vorhergehende Übersichtserhebung und Detailerfassung, vorgenommen werden, sofern die entsprechenden Voraussetzungen dafür vorliegen. Darunter wäre beispielsweise eine flächendeckende Geländebegehung des gesamten Untersuchungsgebietes mit ausreichender Zeitvorgabe zu verstehen. Eine solche vollständige Inventarisierung, bei der sämtliche Geotope eines Gebietes identifiziert, im Detail kartiert (s. Tab. 2) und datenmäßig erfaßt werden, erfordert jedoch immer eine intensive Geländebearbeitung des Untersuchungsgebietes.

Der Arbeitsumfang hängt von den natürlichen Gegebenheiten im Gelände und von den Vorkenntnissen ab. Landschaftsräume in einem Schichtstufenland beispielsweise erfordern in der Regel einen geringeren Zeitaufwand als stark gegliederte Gebiete des Berglandes mit einem reichen geomorphologischen Formenschatz.

Die flächendeckende Inventarisierung kann auch im Rahmen der Geologischen Landesaufnahme für die GK 25 erfolgen. Sie bedingt nur einen relativ geringen zusätzlichen Zeitaufwand.

Nach Abschluß dieses dritten Arbeitsschrittes sind alle zum Zeitpunkt der Bearbeitung bekannten Geotope, soweit erforderlich, detailliert erfaßt.

Die abschließende vergleichende Bewertung aller Geotope eines Landschaftsraumes (s. Kap. 6) baut auf dieser vollständigen Kenntnis seines Geotopinventars auf. Erst wenn sie vorliegt und darüberhinaus Grundinformationen über den Geotopbestand der an den jeweiligen Landschaftsraum angrenzenden Bereiche vorliegen, ist ein umfassender und ausgewogener Geotopschutz möglich.

Tab. 2: Symbole für Geotope in Karten

1. Aufschlüsse

1.1 Gesteine

1.2 Böden

1.3 Mineralien

1.4 Fossilien

1.5 Lagerungsverhältnisse/Tektonik

1.6 Sedimentstrukturen

1.7 Typlokalitäten/Richtprofile

2. Formen

2.1 Fluviatile und gravitative Abtragungs- und Ablagerungsformen

2.2 Küstennahe Abtragungs- und Ablagerungsformen

2.3 Glaziale und periglaziale Abtragungs- und Ablagerungsformen

2.4 Windbedingte Abtragungs- und Ablagerungsformen

2.5 Lösungsbedingte Abtragungs- und Ablagerungsformen

2.6 Verwitterungsformen

2.7 Seen und Moorbildungen

2.8 Magmatische Bildungen

2.9 Impaktbildungen

geschützt

nicht geschützt

Die Schutzwürdigkeit der Geotope kann durch unterschiedliche Symbolgrößen dargestellt werden.

3. Quellen

© "Ad-hoc-AG Geotopschutz"
des BLA Bodenforschung 1996

6 Bewertung von Geotopen

Ziel der Bewertung von Geotopen ist die Ermittlung ihrer Schutzwürdigkeit und damit die Beschreibung des konkreten Handlungsbedarfes für Maßnahmen, die für die Erreichung der Ziele des Geotopschutzes erforderlich sind. Diese gliedern sich in Unterschutzstellungs-, Pflege- oder Erhaltungsmaßnahmen von Geotopen.

Die Bewertung eines Geotopes (Anlage 3) erfolgt in zwei Stufen. Zunächst wird sein geowissenschaftlicher Wert (Kap. 6.1) auf der Grundlage fachspezifischer und statistischer Kriterien ermittelt. Anschließend wird die Schutzbedürftigkeit (Kap. 6.2) anhand der Gefährdungssituation des Geotopes und des Schutzstatus vergleichbarer Geotope festgestellt. Das Gesamtergebnis der Bewertung (Kap. 6.3) führt zu einer Einstufung der Schutzwürdigkeit des Geotopes, woraus sich weiterer Handlungsbedarf für die Umsetzung des Bewertungsergebnisses ergibt. Dieser Handlungsbedarf umfaßt Empfehlungen und fachliche Vorgaben, ob eine Unterschutzstellung nach Naturschutzgesetz oder eine planerische Sicherung, und welche Pflege- und Erhaltungsmaßnahmen erforderlich sind.

Die Bewertung der einzelnen Geotope soll mit größtmöglicher Objektivität erfolgen. Hierfür muß eine geeignete Vergleichsmöglichkeit vorliegen, auf deren Grundlage überregionale Parallelisierungen vollzogen werden können. Die anzulegenden Bewertungskriterien müssen daher für alle Geotope gleich sein.

6.1 Ermittlung des geowissenschaftlichen Wertes

Zur Ermittlung des geowissenschaftlichen Wertes sind zunächst folgende Kriterien heranzuziehen, die bei der Geländeerfassung beurteilt werden:

6.1.1 Allgemeine geowissenschaftliche Bedeutung

Darunter wird der Informationsgehalt des Geotopes für die unterschiedlichen Fachbereiche der Geowissenschaften verstanden, z.B.

- Bodenkunde,
- Glazialgeologie,
- Hydrogeologie,
- Ingenieurgeologie,
- Mineralogie/Petrographie,
- Morphologie/Landschaftsgeschichte/Paläogeographie,
- Paläontologie,
- Rohstoffgeologie,
- Sedimentologie,
- Stratigraphie,
- Strukturgeologie/Tektonik oder
- Vulkanologie.

Die geowissenschaftliche Bedeutung steigt mit der Menge der für den Geotop relevanten Fachbereiche.

6.1.2 Regionalgeologische Bedeutung

Die fachspezifische Bedeutung des Geotopes wird unter Berücksichtigung des Raumes, für den er typisch oder prägend ist, bewertet. Je größer der Raum, für den der Geotop bedeutend ist, desto höherwertiger ist er einzustufen.

6.1.3 Öffentliche Bedeutung für Bildung, Forschung und Lehre

Die Aussagekraft eines Geotopes für die wissenschaftliche Forschung wie auch für die Öffentlichkeit bestimmt wesentlich seinen Wert. Dieser steigt, je nachdem, ob es sich um ein heimatkundliches Demonstrationsobjekt von nur lokaler Bedeutung, um ein wissenschaftliches Exkursions-, Lehr- oder Forschungsobjekt oder um ein besonderes wissenschaftliches Referenzobjekt bzw. um eine Typlokalität handelt.

6.1.4 Erhaltungszustand

Der Grad der nachteiligen Beeinträchtigung eines Geotopes beeinflußt seine Wirkung und seinen Wert in hohem Maße. Je besser beispielsweise ein Aufschluß erhalten ist, desto mehr Informationen können aus ihm gewonnen werden.

Nach der Beurteilung anhand der Kriterien unter Ziffer 6.1.1 bis 6.1.4 werden in einem weiteren Bewertungsschritt nunmehr Geotope gleichen Types und gleicher stratigraphischer bzw. genetischer Stellung nach Anzahl und räumlicher Verbreitung ermittelt.

6.1.5 Anzahl gleichartiger Geotope in einer geologischen Region

Es wird die Anzahl gleichartiger Geotope in einer geologischen Region ermittelt. Je mehr gleichartige Geotope in dieser Region vorhanden sind, desto geringer ist der Verlust eines solchen Geotopes zu bewerten und je seltener er auftritt, desto höher ist seine Bedeutung für die Region einzustufen.

6.1.6 Anzahl geologischer Regionen mit gleichartigen Geotopen

Die Anzahl der geologischen Regionen, in denen gleichartige Geotope vorkommen, ist ein Maß dafür, für welchen Teil der Landesfläche ein Geotop repräsentativ ist. Hierbei ist entscheidend, ob sich gleichartige Geotope nur auf **eine geologische Region** konzentrieren und daher für diese typisch sind oder ob sie **landesweit**, d.h. in mehreren geologischen Regionen, vorkommen. Je geringer die Anzahl der geologischen Regionen mit einem derartigen Geotop ist, desto höher ist dieser Geotop zu bewerten.

Der **geowissenschaftliche Wert** des Geotopes wird anhand der Bewertungskriterien nach Kap. 6.1.1 bis 6.1.6 zu einer Gesamtbeurteilung zusammengefaßt und folgenden Kategorien zugeordnet:

- **geringwertig**
- **bedeutend**
- **wertvoll**
- **besonders wertvoll**

Als besonders wertvoll können Geotope nur eingestuft werden, die – mit nur einer Ausnahme – in allen Bewertungskriterien (6.1.1 – 6.1.6) die höchste Wertung erhalten.

6.2 Ermittlung der Schutzbedürftigkeit

Zur Feststellung der **Schutzbedürftigkeit** eines Geotopes sind dessen **Gefährdungssituation** und der **Schutzstatus** vergleichbarer Geotope heranzuziehen.

6.2.1 Gefährdung von Geotopen

Bei der Ermittlung der Gefährdung von Geotopen werden vornehmlich bestandsbedrohende Kriterien herangezogen. Dies sind in erster Linie vom Menschen verursachte Gefährdungen. Zwar führen auch nicht-anthropogene Gefährdungen zu Beeinträchtigungen von Geotopen (Verfall von Aufschlüssen u.ä.) sowie auch teilweise zum Verlust von Geotopteilen (Zerfall von Fossilien, Mineralien usw.), jedoch sind derartige Geotopteile meistens als Sammlungsstücke einzustufen und müssen dementsprechend rechtzeitig geborgen und konserviert werden. In aller Regel bleibt der Geotop selbst aber erhalten; seine Aussagekraft kann meist durch Pflegemaßnahmen, wie z.B. Aufschürfungen, wiederhergestellt werden.

Die Einstufung basiert auf der Feststellung, daß besonders wertvolle Geotope (s. Bewertungsergebnis Kap. 6.1), die akut oder erheblich gefährdet sind, in jedem Fall geschützt werden sollen. Andererseits erscheint es nicht erforderlich, daß für geringwertige Objekte, die nicht oder nur gering gefährdet sind, eine Unterschutzstellung veranlaßt wird.

Keine Gefährdung liegt z.B. vor, wenn

- keine Rohstoffgewinnung oder Baumaßnahme geplant ist,
- ein Rohstoffabbau abgeschlossen ist,
- weder Verfüllung noch Rekultivierung der Abbaustelle vorgesehen ist,
- ein Geotop in einem Naturschutzgebiet (NSG), Nationalpark (NP) oder Grabungsschutzgebiet (GSG) liegt bzw. als Naturdenkmal (ND), geschützter Landschaftsbestandteil (LB), Bodendenkmal (BD) ausgewiesen oder ein besonders geschützter Biotop (§20c BNatG) ist.

Geringe Gefährdung besteht z.B., wenn

- ein Geotop in einem Rohstoffvorkommen liegt,
- eine Abbaustelle renaturiert wird,
- ein Geotop in einem Landschaftsschutzgebiet (LSG), Naturpark (NaP), Biosphärenreservat (BR) oder Wasserschutzgebiet (WSG) liegt.

Erhebliche Gefährdung besteht z.B., wenn

- eine laufende Abbaumaßnahme eine Zerstörung des Geotopes bewirken kann,
- ein Geotop in einer Rohstoffvorrangfläche liegt,
- eine Verfüllung oder Rekultivierung der Abbaustelle geplant ist,
- bestandsgefährdende Zielvorgaben in Regionalplan, Bauleitplänen oder Entwicklungsprogrammen vorliegen oder
- Beschädigungen durch Freizeitaktivitäten erfolgen können.

Akute Gefährdung besteht z.B., wenn

- eine laufende Abbaumaßnahme den Geotop in kurzer Zeit unwiederbringlich zu zerstören droht,

- eine aufgelassene Abbaustelle verfüllt wird,
- ein Raumordnungsverfahren für Rohstoffgewinnung oder Baumaßnahmen (Bauwerke, Straßen, Deponien, Wasserstraßen u.a.) positiv abgeschlossen ist.

6.2.2 Schutzstatus vergleichbarer Geotope

Ein Geotop ist dann mit einem anderen vergleichbar, wenn beide im Geotoptyp, in stratigraphischer bzw. genetischer Stellung und geowissenschaftlichem Wert (s. Kap. 6.1) übereinstimmen, wobei letzterer auch höher eingestuft sein kann.

Ist kein vergleichbarer Geotop vorhanden bzw. ist ein vergleichbarer Geotop nicht ausreichend geschützt, ist dies ein wesentliches Kriterium für die Schutzbedürftigkeit. Wenn ein vergleichbarer Geotop bereits ausreichend geschützt ist, kann die Schutzbedürftigkeit geringer eingestuft werden.

Die **Schutzbedürftigkeit** wird nach Kap. 6.2.1 und 6.2.2 ermittelt und einer der folgenden Kategorien zugeordnet:

- **nicht schutzbedürftig**
- **gering schutzbedürftig**
- **erheblich schutzbedürftig**
- **akut schutzbedürftig**

6.3 Gesamtergebnis der Bewertung

Das aus **geowissenschaftlichem Wert** (Kap. 6.1) und **Schutzbedürftigkeit** (Kap. 6.2) zu ermittelnde **Gesamtergebnis der Bewertung** eines Geotopes ist dem folgenden Einteilungsschema der **Schutzwürdigkeit** zuzuordnen:

- **unbedeutend**
- **erhaltenswert**
- **schutzwürdig**

Dieses Einteilungsschema folgt der grundsätzlichen Maßgabe, daß rechtliche Unterschutzstellungen nur bei solchen Geotopen für erforderlich erachtet werden, die eine besondere erdgeschichtliche Bedeutung besitzen (s. auch Kap. 3.1). Für eine Unterschutzstellung **können** in erster Linie Geotope in Frage kommen, die als besonders wertvoll oder wertvoll eingestuft werden, vor allem, wenn sie akut oder erheblich gefährdet sind (s. Tab. 3). Mitentscheidend ist ferner, daß kein vergleichbares Geotop bereits ausreichend geschützt ist.

Innerhalb der Kategorie "schutzwürdig", die eine rechtliche Unterschutzstellung fordert, ergeben sich aufgrund der geowissenschaftlichen Bedeutung des jeweiligen Geotopes zwei unterschiedliche Stufen von Nutzungsanforderungen (s. Kap. 7).

7 Schutz und Pflege von Geotopen

Zahlreiche Geotope bedürfen – wie andere Denkmale auch – bestimmter Schutz-, Pflege- und Erhaltungsmaßnahmen (s. Anlage 4). Zum einen ist dies erforderlich, um ihren Erhalt auf Dauer zu gewährleisten. Zum anderen sollen dadurch charakteristische Merkmale wiederhergestellt oder verdeutlicht werden können. Dadurch steigen Aussagekraft und Wert der schutzwürdigen Geotope.

Mit jeder Schutzwürdigkeitskategorie (Kap. 6.3) sind weiterführende Maßnahmen verbunden. **Entsprechend der Schutzwürdigkeit eines Geotopes ergibt sich folgender Handlungsbedarf:**

unbedeutend – **Keine Maßnahmen.**

erhaltenswert – Nachweis in Programmen und Plänen der **Raumordnung und Landesplanung.**

– Zeitliches und räumliches **Betretungsverbot ist akzeptierbar,** wenn Unterschutzstellung aus anderen als geowissenschaftlichen Gründen, z.B. als Biotop, erfolgt.

schutzwürdig – **Unterschutzstellung nach Naturschutzgesetz.**

Stufe 1: – Die geowissenschaftliche **Nutzung** darf durch eine Schutzverordnung **nicht wesentlich beeinträchtigt** werden.

– Zeitliches und räumliches **Betretungsverbot nur im Ausnahmefall akzeptierbar.**

– Pflege- und Erhaltungsmaßnahmen sind detailliert festzuschreiben.

Stufe 2: – Geowissenschaftlicher Schutzzweck und dessen Erhaltung hat **Vorrang vor anderen Schutzzielen und Nutzungen.**

– **Uneingeschränktes Betretungsrecht** für geowissenschaftliche Nutzung ist festzuschreiben.

– Pflege- und Erhaltungsmaßnahmen sind detailliert festzuschreiben.

Sofern sich die Umsetzung des Handlungsbedarfes nach den im Kap. 3.3, Abs. 2 genannten Gründen als nicht sachgerecht erwiesen hat, muß die Realisierung einer Alternativlösung erwogen werden. Dabei sind in erster Linie diejenigen Objekte im Detail zu überprüfen, die bei der Ermittlung des Schutzstatus vergleichbarer Objekte (s. Kap. 6.2.2) als "vergleichbar" eingestuft worden sind.

Tab. 3: Bewertung von Geotopen und Handlungsbedarf

Geowissenschaftlicher Wert (Kap.6.1.1-Kap.6.1.6)	Schutzbedürftigkeit (Kap. 6.2.1-Kap.6.2.2)	Gesamtbewertung der Schutzwürdigkeit (Kap. 6.3)	Handlungsbedarf (Kap. 7)
geringwertig	nicht schutzbedürftig	unbedeutend	keine Maßnahme
bedeutend	gering schutzbedürftig	erhaltenswert	planerische Sicherung
wertvoll	erheblich schutzbedürftig	schutzwürdig	Unterschutzstellung nach Naturschutzgesetz (Stufe 1 oder 2)
besonders wertvoll	akut schutzbedürftig		

7.1 Schutzmaßnahmen

Unter Schutzmaßnahmen sind vorwiegend diejenigen Maßnahmen zu verstehen, die den Bestand eines Geotopes sicherstellen und einen gefahrlosen Besuch ermöglichen. Sie umfassen Vorschläge der Geologischen Dienste zur Abstimmung und Durchführung von rechtlichen oder praktischen Maßnahmen, die in den Schutzverordnungen festzuschreiben sind.

Bestandsschützende Maßnahmen sind in erster Linie naturschutzrechtliche Verfahren, aber auch käuflicher Erwerb mit entsprechenden Auflagen oder Verpflichtungen, Patenschaften u.a. Als praktische Maßnahmen kommen z.B. eine geeignete Zuwegung mit Ausschilderung, eine fachliche Erläuterung vor Ort (Tafel, Schild) sowie die Absicherungen des Geländes in Betracht. Beispielsweise sind hier Empfehlungen zur Anlage von Zäunen, Hecken oder Erdwällen zu nennen, die gleichermaßen zum Schutz des Objektes wie der Besucher beitragen können.

Ziel dieser im Rahmen der gesetzlichen Unterschutzstellung festzulegenden Maßnahmen ist der dauerhafte Bestand des Geotopes und seines geowissenschaftlichen Schutzzweckes, insbesondere weil **Geotope** sich häufig bereits nach wenigen Jahren zu ebenfalls schutzwürdigen (Sekundär-)**Biotopen** entwickeln können. Mit einer ausschließlichen Ausrichtung der Schutzmaßnahmen auf den Arten- und Biotopschutz aber sind die Zielsetzungen des Geotopschutzes nicht zu verwirklichen. Deshalb ist es unabweisbar **erforderlich**, bei Planung und Durchführung naturschutzrechtlicher Verfahren für zu schützende Geotope den **fachlichen Sachverstand der Geologischen Dienste der Länder** einzubeziehen.

7.2 Pflege- und Erhaltungsmaßnahmen

Häufig verlieren Geotope, vor allem Aufschlüsse in Lockergesteinen und verwitterungsempfindlichen Festgesteinen sehr schnell ihren Aussagewert, wenn sie nicht in regelmäßigen Abständen fach- und sachgerecht gepflegt werden. Gelegentlich sind auch Entwicklungsmaßnahmen an Geotopen erforderlich, wenn z.B. charakteristische Merkmale besonders hervorgehoben werden sollen.

Als wesentliche Pflege- und Erhaltungsmaßnahmen kommen ein regelmäßiger Rückschnitt oder das Entfernen von Bewuchs in Betracht. Vegetation kann nicht nur Aufschlüsse, sondern auch Landschaftsformen beeinträchtigen. Bei Gesteins- oder Bodenaufschlüssen ist häufig das Säubern von Abfall und nachfallendem Lockermaterial bzw. das Aufschürfen oder Freilegen bestimmter geologischer Merkmale erforderlich. Diese Maßnahmen sind nach den fachlichen Aussagen der Geologischen Dienste durch die zuständigen Behörden zu veranlassen.

7.3 Freistellungen und Gestattungen

In den zu erlassenden Schutzverordnungen für Geotope sind auch Freistellungen für deren Zugänglichkeit detailliert zu regeln sowie die Gestattungen wissenschaftlicher Untersuchungen wie z.B. die Entnahme von Proben, der Einsatz von technischem Gerät für Bohrungen und Schürfungen sowie die Durchführung von Kartierungs- und Vermessungsarbeiten unbedingt festzuschreiben.

8 Rechtsvorschriften des Bundes und der Länder zum Geotopschutz

Der Geotopschutz ist in den einzelnen Ländern der Bundesrepublik Deutschland nicht einheitlich gesetzlich geregelt. Als wesentliche Rechtsvorschriften zum Vollzug des Geotopschutzes kommen dafür das Natur- und Denkmalschutzrecht in Betracht. In der Bundes- und Landesgesetzgebung fehlen bisher grundsätzliche Aussagen zum Geotopschutz.

Im Bereich des für den Geotopschutz überwiegend anzuwendenden Naturschutzrechtes gibt das Bundesnaturschutzgesetz der Rahmen vor, den die Länder mit ihren Landesnaturschutzgesetzen ausfüllen. Darin sind teilweise auch die Belange des Geotopschutzes geregelt. In allen Naturschutzgesetzen ist der Schutz von erdgeschichtlichen Aufschlüssen, die auch Fosslien enthalten können, sowie von anderen geologischen Naturschöpfungen wie Formen und Quellen als Naturdenkmale (s. Abb. 1) vorgesehen. Fossilien und Fossilfundstellen können zusätzlich in den Ländern Baden-Württemberg, Brandenburg, Hessen, Nordrhein-Westfalen, Rheinland-Pfalz und Thüringen nach Denkmalschutzgesetzen geschützt werden.

In nahezu allen Ländern sind bisher in den jeweiligen Einzelschutzverordnungen von Naturdenkmalen eindeutige Festlegungen, die den Belangen des Geotopschutzes im Hinblick auf Schutz-, Pflege- und Erhaltungsmaßnahmen dienen, nicht festgeschrieben. Ebenso fehlen Regelungen für Freistellungen und Gestattungen zum Betreten sowie für wissenschaftliche Forschungen.

Weitere Schutz- und Erhaltungsmöglichkeiten für Geotope sind im Rahmen der Raumordnung und Landesplanung gegeben. So sind in vielen Ländern unterschiedliche Vorgehensweisen durch Bekanntmachungen, Verwaltungsvorschriften, Erlasse u.ä. vorgeschrieben, die eine Berücksichtigung des Geotopschutzes erfordern. Dieses trifft beispielsweise bei der Durchführung von Raumordnungsverfahren sowie bei der Aufstellung von Regionalplänen zu.

Abb. 1: Rechtsvorschriften der Bundesländer zum Geotopschutz

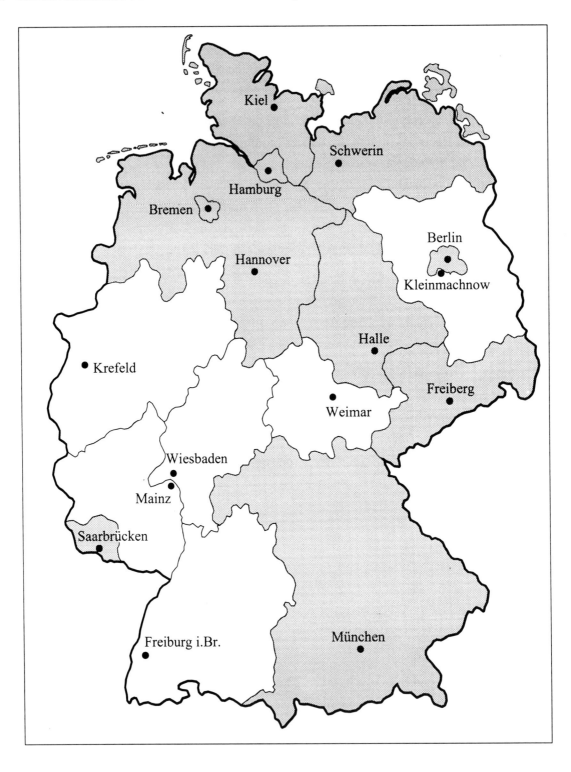

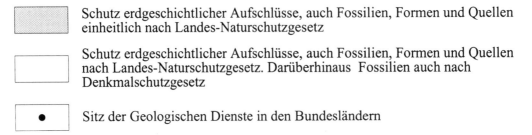

Schutz erdgeschichtlicher Aufschlüsse, auch Fossilien, Formen und Quellen einheitlich nach Landes-Naturschutzgesetz

Schutz erdgeschichtlicher Aufschlüsse, auch Fossilien, Formen und Quellen nach Landes-Naturschutzgesetz. Darüberhinaus Fossilien auch nach Denkmalschutzgesetz

• Sitz der Geologischen Dienste in den Bundesländern

9 Zusammenfassung

Die Ad-hoc-Arbeitsgruppe Geotopschutz der Geologischen Dienste in der Bundesrepublik Deutschland legt als Ergebnis ihrer Tätigkeit eine "Arbeitsanleitung Geotopschutz in Deutschland" vor. Diese Arbeitsanleitung beinhaltet nunmehr zum einen länderübergreifend einvernehmlich abgestimmte Definitionen des Begriffes Geotop und des Begriffes der Schutzwürdigkeit des Geotopes, und zum anderen die Ziele, den Handlungsbedarf und die Aufgaben der Geologischen Dienste beim Geotopschutz. Detailliert werden die in Deutschland vorkommenden Geotoptypen, die Verfahren und Methoden zur Erfassung und geowissenschaftlichen Bewertung und die geowissenschaftlichen Vorgaben für den Schutz, die Pflege- und die Erhaltung von Geotopen aufgeführt.

Die **Geologischen Dienste** sind als geowissenschaftliche Fachbehörden der Länder dafür zuständig, den Naturschutzbehörden für schutz- und pflegebedürftige Geotope geeignete Maßnahmen vorzuschlagen. In den nach Naturschutz- oder Bodendenkmalschutzgesetzen zu erlassenden Schutzverordnungen sind neben den Schutz-, Pflege- und Erhaltungsmaßnahmen auch Freistellungen und Gestattungen festzuschreiben.

Als Anhang sind mit Anlage 1 eine Liste ausgewählter geowissenschaftlicher Begriffe für die ausführenden Naturschutzbehörden bzw. die interessierte Öffentlichkeit und mit den Anlage 2 bis 4 für die Geologischen Dienste der Länder Musterbelege für die Erfassung, die Bewertung sowie für den Schutz, die Pflege und die Erhaltung von schutzwürdigen Geotopen beigefügt.

10 Literaturverzeichnis

HAASE, G. (1980): Zur inhaltlichen Konzeption einer Naturraumtypenkarte der DDR im mittleren Maßstab. – Petermanns Geographische Mitteilungen, 124(2): 139 – 151.

GRUBE, A. & WIEDENBEIN, F.W. (1992): Geotopschutz - eine wichtige Aufgabe der Geowissenschaften. – Die Geowissenschaften, 10(8): 215 – 219.

zusätzlich:

WIEDENBEIN, F.W. (1993): Geotope mit Bedeutung für die Bundesrepublik Deutschland. Abschlußbericht: Grundlagen des Geotopschutzes. BMU-Proj. N I 1–72060, S. 1-156, [unveröff.]

Anlage 1

		Erläuterungen ausgewählter geowissenschaftlicher Begriffe		Definitions of Selected Geoscientific Terms (ST = Specific Terms)	
1	**Aufschlüsse**	Natürliche und künstlich entstandene Freilegungen von Gesteinen und Böden.	**Exposures**	Areas of bedrock or superficial deposits visible. Exposures may be produced naturally or artificially. Also called outcrops.
1.1	**Gesteine**	Natürliche Bildungen, aus Mineralien, Bruchstücken von Mineralien oder Gesteinen oder Organismusresten aufgebaut; je nach der Entstehung unterscheidet man magmatische, sedimentäre und metamorphe Gesteine.	**Rocks**	Natural materials made of minerals, fragments of minerals or rocks, or remains of organisms; depending on mode of formation, rocks are subdivided into igneous, sedimentary and metamorphic rocks.
1.2	**Böden**	Belebte lockere, überwiegend klimabedingte oberste Verwitterungsschicht der Erdrinde, die aus einem inhomogenen Stoffgemisch fester mineralischer und organischer Teilchen verschiedener Größe und Zusammensetzung sowie aus Wasser und Luft besteht und einen wechselnden Aufbau zeigt.	**Soils**	The material lying on the Earth's surface that supports plant growth; it is an inhomogeneous mixture of mineral and organic constituents of different sizes and composition, contains water and air, and is subdivided into soil horizons differing in physical properties and/or composition.
1.3	**Mineralien**	Bezüglich ihrer physikalischen und chemischen Beschaffenheit stofflich einheitliche natürliche Bestandteile der Gesteine.	**Minerals**	Natural constituents of rocks that can be identified on the basis of their characteristic physical and chemical properties.
1.4	**Fossilien**	Versteinerungen von Pflanzen oder Tieren oder von deren Lebensspuren.	**Fossils**	Remains of plants or animals, or imprints or traces left by them.
	Lebensspuren	Zeugen der Fortbewegungs-, Wohn-, Freß- und Ausscheidungstätigkeit oder der Ruhestellung eines fossilen Lebewesens.	**trace fossils**	Tracks, burrows, or marks produced by the activity of an animal, such as moving, feeding, boring, burrowing or resting.
1.5	**Lagerungsverhältnisse/ Tektonik**	In Gesteinen aufgeschlossene Strukturen, die wesentliche Einblicke in die Bewegungsabläufe und/oder Umformungsprozesse bei der Entwicklung der Erdkruste geben.	**Structures**	Structural features in rocks that provide evidence of the main type and direction of deformation, mode of formation, or geological history.
	Biegefalte, Knickfalte	Wellenartig verbogene Gesteinsschicht aufgrund von Einengungskräften.	**flexural fold**	Fold formed by bending of strata accompanied by bedding-plane slip and possibly some flow within individual beds.

Biegescherfalte	Übergangsstruktur zwischen Biege- und Scherfalte.	**flexural-shear fold**	Transitional type of fold between flexural fold and shear fold.
Bruch	Sichtbare Trennfläche im Gestein.	**fracture**	Visible break or rupture in a rock.
Diskordanz	Grenzfläche, an der Gesteine winkelig aneinandergrenzen.	**discordance**	Nonparallelism of adjacent rock masses at their contact.
Dislokationsdiskordanz	Diskordanz mit einer durch tektonisch bedingte Abscherung hervorgerufenen Schichtlücke.	**tectonic discordance**	Nonparallelism of adjacent strata caused by thrusting or sliding.
Erosionsdiskordanz	Diskordanz mit einer durch Erosion erzeugten Schichtlücke.	**erosional unconformity**	A surface separating older rocks that have been subjected to erosion from younger rocks subsequently deposited on them.
Falte	Stark gekrümmte verbogene Gesteinsschicht.	**fold**	Bend or flexure of an originally planar rock structure, typically bedding.
Flexur	S–förmige Schichtenverbiegung aufgrund gegenläufiger Relativbewegung zweier Schichten ohne Bildung größerer Bruchfugen.	**monocline**	Local steepening of gently dipping strata caused by relative movement of adjacent blocks in opposite directions with minimal fracturing.
Fließfalte	Unregelmäßige Strukturen in magmatischen Gesteinen, Salzgesteinen oder teilverfestigten Sedimenten.	**flow fold**	A fold in relatively plastic rocks, e.g., in igneous rocks, rock salt or partially consolidated sediments; in some cases known as rheomorphic fold.
Gangbildung	Mauerartige Gesteinsform, die aufgrund der höheren Verwitterungsbeständigkeit gegenüber dem Umgebungsgestein herausmodelliert ist.	**resistant dyke**	A wall-like feature produced when a dyke or thick vein is considerably more resistant to weathering than the country rock.
Harnisch	Durch Bewegung von Gesteinskörpern an Verwerfungsflächen erzeugte Fläche; oft in Bewegungsrichtung infolge Schrammung mit Rutschstreifen versehen oder blank poliert.	**slickenside**	Polished surface produced by movement of rocks along fault planes, frequently with scratches or grooves (striations) parallel to the direction of movement of the rock.
Kluft, Spalte	Feine, nicht geöffnete (Kluft) oder geöffnete (Spalte) Gesteinsfuge ohne sichtbaren Versatz.	**fracture, fissure, joint**	Closed (joint) or open (fissure) crack in rocks.
Kontakthof	Kontaktmetamorph veränderte Gesteine im Umfeld magmatischer Intrusionen.	**contact aureole**	Zone of thermal metamorphic rocks adjoining an igneous intrusion.
Mulde	Teil einer Falte mit nach oben divergierenden Schenkeln.	**syncline**	A fold whose core contains stratigraphically younger rocks than the limbs, which are generally curved upwards.
Sattel	Teil einer Falte mit nach unten divergierenden Schenkeln.	**anticline**	A fold whose core contains stratigraphically older rocks than the limbs, which are generally curved downwards.

	Scherfalte	Wellenartig verbogene Gesteinsschichten durch Zerscherung an engen, senkrecht zur Einengung liegenden Flächenscharen (v.a. in Peliten).	**shear fold**	Fold formed by shearing on closely spaced planes perpendicular to the axial surface (found especially in pelites).
	Schieferung	Parallel gerichtetes, engständiges Flächengefüge in Gesteinen durch tektonische Beanspruchung oder metamorphe Überprägung entstanden.	**schistosity, slaty cleavage**	The property of a rock that allows it to be split along secondary, closely spaced, parallel planes. This property is often due to parallel arrangement of platy or elongated minerals produced by deformation or metamorphism.
	Störung	Trennfuge im Gestein, an der eine Verstellung der beiden angrenzenden Schollen stattgefunden hat (Ab-, Auf- und Überschiebung sowie Horizontal- und Diagonalverschiebungen).	**fault**	Fracture in a rock along which displacement has occurred.
	Überschiebung	Tektonisch bedingte Auflagerung von einer älteren auf einer jüngeren Schichtfolge.	**thrust (thrust fault)**	Fault with dip of less than 45° on which the hanging wall has been been moved upwards relative to the footwall.
1.6	**Sedimentstrukturen**	Schichtungsmerkmale und interne Strukturen von Gesteinen oder Schichtfolgen, die Rückschlüsse auf Transport- und Ablagerungsprozesse, biologische Aktivitäten sowie chemische und klimatische Prozesse gestatten.	**Sedimentary structures**	Characteristics of bedding and structures in rocks that reveal transport and sedimentary processes, biological activity, as well as chemical processes and paleoclimate.
	Bänderschichtung	Wechsel von verschieden zusammengesetzten Schichten bzw. Lagen in einem Gestein.	**banding**	The alternation of beds of different composition giving a different color or texture.
	Gipsfältelung	Zusammenstauchung und Faltung von Sulfatgestein infolge Volumenvergrößerung durch Umwandlung von Anhydrit zu Gips.	**gypsum plication**	Small-scale folds in sulphate rock resulting from an increase in volume when anhydrite is converted into gypsum.
	Gradierte Schichtung	Schichtung einer Ablagerungseinheit, bei der die Korngröße zum Hangenden hin abnimmt.	**graded bedding**	A sediment sequence in which each bed exhibits a progressive change in particle size, usually from coarse at the bottom to fine at the top.
	Rippelmarken	Wellenartige Strukturen auf einer Sedimentoberfläche mit annähernd parallel verlaufenden Erhebungen und Vertiefungen (Oszillationsrippeln, Fließrippeln).	**ripple marks**	Wave-like structures on the surface of sediment with crests and troughs running nearly parallel (oscillation ripple marks, current ripple marks).

	Schräg-, Diagonal- und Kreuzschichtung	Nicht horizontale Schichtung, die im Bereich von Deltabildungen und fließenden Gewässern oder in bewegter Luft an der Leeseite von Hindernissen in den sich ablagernden Sedimentmassen ausgebildet wird.	cross-stratification, cross-bedding	Strata deposited at an angle to the main stratification; formed by flowing water or the wind by the deposition of sediment on the lee side of obstacles.
	Subaquatische Rutschung/ Gleitung	Aufgestauchte, gefältelte oder verwirbelte Schichten, die durch untermeerisches Hangabwärtsgleiten gering verfestigter, wasserdurchtränkter Sedimente entstanden sind.	subaqueous slump	Layers formed by submarine sliding of a mass of soft sediments.
	Sohlmarken	Wulste an den Unterseiten von Gesteinsschichten, die Eindrücke in die unterlagernde Schichtoberfläche nachzeichnen.	sole marks	Structures on the underside of sediment beds preserving the surface shape of the layer underneath.
	Wühlgefüge	Spuren in Sedimenten und Sedimentgesteinen, die die Organismentätigkeit im Boden dokumentieren (Freßgänge, Wohnbauten, Kriechspuren etc.).	mottled structure	Traces in sediments or sedimentary rocks which document the activities of organisms (feeding and living burrows, tracks etc.).
1.7	Typlokalität/ Richtprofil	Belege für einen geologischen Zeitabschnitt, Ablagerungs- oder Bildungsvorgang, die für die Erforschung der Erdgeschichte und für die Entwicklung des Lebens grundsätzliche Erkenntnisse liefern.	Type Locality/ Type Section	Unique documents of geological time, deposition and formation processes which provide a fundamental insight to the Earth's history and evolution of life.
	Typlokalität	Aufschluß, dessen stratigraphischer, petrographischer oder paläontologischer Inhalt als Definitionsgrundlage dient.	type locality	Place where a geologic feature was first recognized and described or a place containing a type section.
	Richtprofil	Profil durch eine Gesteinsabfolge, die zur Definition und Korrelation stratigraphischer Grenzen dient.	type section	The originally described stratigraphic sequence used for definition of a stratigraphic unit or stratigraphic boundary.
2	Formen	Landschaftsformen und Bildungen an der Erdoberfläche, die durch natürliche Vorgänge entstanden und/oder verändert worden sind.	Landforms	Natural landforms and surface features.
2.1	Fluviatile und gravitative Abtragungs- und Ablagerungsformen	Formen, die im festländischen Bereich unter Einwirkung von fließendem Wasser, Verwitterung oder Schwerkraft entstanden sind.	Fluviatile and gravitational forms, both erosional and depositional	Landforms created by the influence of flowing water or gravity.
	Altwasser	Abgeschnürter Teil eines mäandrierenden Flusses.	oxbow	An abandoned meander cut off from the course of the river.
	Asymmetrisches Tal	Tal mit ungleich geneigten Flanken.	asymmetric valley	Valley whose sides have different slopes.

Aue	Talbodenfläche eines Baches oder Flusses.	**flood plain**	Valley floor bordering a stream or river.
Bergsturz-, Bergrutschmassen	Unsortierte Trümmermassen, z.T. mit Gesteinsmehl und mehr oder weniger zerrütteten Gesteinspaketen.	**landslide, rockfall**	Inhomogeneous mass of rock debris and soil resulting from mass movement.
Blockmeer, -halde	Anhäufung von Felsblöcken meist massiger Gesteine.	**block field**	Accumulation of blocks, usually of massive rocks.
Blockstrom	Durch Solifluktion umgelagertes, langgestrecktes Blockmeer.	**block stream**	Elongated block field resulting from solifluction.
Delle	Breite, seichte Senke im Quellgebiet von Erosionstälern (Tal-Ursprungsmulde).	**dell**	Wide, shallow depression up-valley from the source of a stream.
Durchbruchstal	Tal eines Fließgewässers, das ein seine Fließrichtung querendes Gebirge oder eine andere morphologische Vollform (z.B. Endmoräne) durchbricht.	**transverse valley**	A river valley that cuts across a mountain range or other morphologic form (e.g. end moraine).
Erdpyramide, Erdpfeiler	Meist von Dachgestein gekrönte, pfeiler-, spitzkegel- oder pyramidenförmige Bildung im Lockergestein; durch senkrecht fallenden Regen aus leicht ausspülbaren Gesteinen herausmodelliert.	**earth pyramid, earth pillar**	A tall, conical or pyramidal column of earthy material, usually capped by a flat, hard boulder; formed by rainwash eroding the softer material.
Felsfreistellung	Einzelfelsen, durch allseitige Abtragung herauspräpariert.	**erosion relict**	Solitary rock rising from the bedrock left standing after erosion of the surrounding rock.
Flußdelta, Schwemmfächer	Dreieckige, fächerförmige Ablagerungsform der Sedimentfracht eines Flusses beim Einmünden in einen See oder Ozean.	**delta, alluvial fan**	Triangular, fan-like deposit of sediment at the mouth of a river on a lake or an ocean.
Gleithang	Sanft geneigtes Ufer in den Innenseiten von Flußschlingen.	**slip-off slope**	Gentle slope on the inner side of a stream meander.
Hangschutt	Verwittertes Festgestein, durch Bodenkriechen und -fließen oder an Steilhängen auch durch Steinschlag umgelagert (mehr als 50 % Kies, Steine und Blöcke).	**talus**	Rock fragments of all sizes accumulated at the base of a cliff or steep, rocky slope by falling, rolling, or sliding (more than 50 % gravel, stones and boulders).
Härtling	Einzelberg, der aufgrund seiner Verwitterungsresistenz über seine Umgebung herausragt. Inselförmige Erhebung innerhalb einer abgeschnittenen Mäanderschlinge.	**monadnock**	Solitary mountain resulting from erosion of its surroundings or a hill encircled or nearly encircled by a stream meander.
Inselberg, Umlaufberg		**meander core, cutoff spur**	
Kerbtal	Tal mit V-förmigem Querschnitt.	**V-shaped valley**	Valley with a V-like cross-section.
Klamm	Enge, tiefe Erosionsrinne in festen Gesteinspartien.	**gorge, ravine**	Deep narrow valley created by erosion through layers of hard rock.
Kuppe	Rundlicher Berggipfel.	**dome**	Rounded mountain top.

Mäander	Bogenförmig verlaufender Flußabschnitt, häufig mit ausgeprägtem Gleit- und Prallhang.	**meander**	One of a series of sinuous curves, bends, turns, loops, or windings of a river.
Muldental	Tal mit allmählich in eine breite Sohle übergehenden flachen Flanken.	**synclinal valley**	Valley developed along the axis of a syncline.
Mure	Ungeschichtetes Lockergesteinsmaterial aus Kies, Steinen und Blöcken mit reichlichem Feinanteil, das nach übermäßiger Wasserdurchtränkung plötzlich im Bereich von Hangfurchen zu Tal geht und auf mehr oder weniger ebenem Untergrund als Murkegel (Schwemmkegel) zum Stillstand kommt.	**mud flow**	Unsorted and unconsolidated mass of gravel, boulders and blocks with a high proportion of fine-grained particles which when watersoaked suddenly flows downslope towards the valley where it forms an alluvial cone.
Prallhang	Steil abfallendes Ufer in den Außenseiten von Flußschlingen.	**undercut river bank**	Steep slope on the outer side of a river meander.
Pediment	Durch verschiedenartige Abtragungskräfte (Denudation) hervorgerufene terrassenförmige Felsfußfläche in ariden bis semiariden Gebirgsregionen.	**pediment**	Rock-floored erosion surface at the base of a mountain front, typically developed by denudation in arid and semiarid regions.
Rumpffläche	Durch Verwitterung und Abtragung in Zeiten tektonischer Ruhe bis zur Abschwächung jeglichen Landschaftsreliefs entwickelte, mehr oder weniger ausdruckslose wellige Ebene.	**peneplain**	A more or less featureless, undulating landsurface of considerable area produced by a long period of subareal erosion over a long period of tectonic inactivity.
Schichtstufe	Durch unterschiedliche Verwitterungsresistenz herausgebildete Geländestufe in einer Schichtenfolge.	**cuesta**	A step in a land surface containing benches formed by differential weathering of rocks composed of alternating hard and soft material, gently dipping in one direction.
Schuttkegel	Steile, kegelförmige Ansammlung unverfestigter Gesteinsbrocken am Fuße steiler Felspartien und Berghänge.	**talus cone**	Steep, cone-shaped mass of unsorted rock debris that has accumulated at the foot of a steep cliff or mountain slope.
Sohlental	Tal mit einer durch Aufschüttung entstandenen, flachen Talaue.	**flood plain valley**	Valley with flat meadowlands created by the deposition of sediment during floods.
Steilstufe	Geländestufe, die im Bereich von Gesteinen unterschiedlicher Verwitterungsresistenz herauspräpariert wurde.	**escarpment**	A steep slope at the edge of a relatively level platform.
Terrasse	Durch fließendes Wasser in einer bestimmten Höhenlage entstandene ebene Fläche (Erosionsterrasse) oder ein Schotterkörper mit ebener Oberfläche (Akkumulationsterrasse).	**terrace**	Abandoned erosion surface with a steep outer edge formed by flowing water, or deposit of alluvium with a level surface.

	Trockental	Trockengefallenes, ehemaliges Flußtal.	**dry valley**	A valley containing no running water.
	Uferwall	Länglicher, über Auenniveau parallel zu Flüssen liegender flacher Sedimentrücken.	**natural levee**	An embankment built by a river on its floodplain along both banks.
	Wasserfall	Über eine Geländekante in freiem Fall herabstürzende Wassermassen.	**waterfall**	The perpendicular free fall of the water of a river or stream over the edge of a cliff or overhanging rock.
2.2	**Küstennahe Abtragungs- und Ablagerungsformen**	Landschaftstypische natürliche Bildungen der Küstenlandschaften.	**Coastal landforms**	Natural landforms and features characteristic of coastal areas.
	Brack	Kolkartige, durch Deichbruch entstandene tiefe Hohlform hinter einem Flußdeich.	**brack (ST)**	Deep funnel-shaped crater scoured out behind a river dike when it bursts.
	Delta	Dreiecksförmige Aufschüttung an der Mündung eines fließenden Gewässers in ein breites, stehendes Gewässer, deren Oberfläche zum stehenden Gewässer hin flach abfällt.	**delta**	Triangular, fan-like deposit of sediment at the mouth of a river on a lake or an ocean.
	Donn	Älterer, eingedeichter, von Marschland umgebener Strandwall.	**donn (ST)**	Relatively old beach ridge behind a dyke and surrounded by former coastal marshland.
	Haken	Durch Strandversatz entstandene schmale Aufschüttung, die an älteren Formen ansetzend frei in ein Gewässer hakenartig hineinwächst.	**hook**	Narrow barrier formed by shifting sands which extends into a bay and forms a hook-shaped curve (spit) pointing inland.
	Heller, Groden	Sporadisch überfluteter Wattstreifen vor dem Außendeich oberhalb des mittleren Tiedehochwassers.	**heller, groden (ST)**	Sporadically flooded strip of mudflat above the average high water mark in front of the outermost dyke.
	Höftland	Dreieckiges Anlandungsgebiet, das an einer breiten, älteren Form ansetzt und an den beiden anderen Seiten durch Strandwälle aufgeschüttet wird; häufig mit Vermoorung innerhalb des Dreieckes.	**höftland (ST)**	Triangular accretion of sand abutting on a wider and older projection of the land into the sea, with beach ridges on the other two sides, often with incipient mire formation within the triangle.
	Kliff	Steilufer, das durch Unterspülung am Hangfuß und dadurch ausgelöste gravitative Abtragungsvorgänge im Küstenbereich entstanden ist.	**sea cliff**	A cliff or slope formed by wave erosion.
	Klippe	Teil eines Steilufers, der sich aufgrund der Gesteinsstruktur und unterschiedlicher Resistenz in Einzelformen aufgelöst hat.	**sea stack**	Isolated rock pillar near a rocky coast formed by wave action and weathering.

	Küstendüne	Vom Wind umgelagerte, hinter dem Strand sedimentierte Fein- bis Mittelsande; Vorkommen in Kuppen, Längsdünen und Dünenmassiven, auch als Kliffranddünen auf aktiven Steilküsten.	**coastal dune**	Fine to medium aeolian sand behind the beach as mound, ridge, or dune massif; a dune may form on the top of a cliff and migrate inland.
	Nehrung	Schwelle vor einem Haff durch zwei sich vereinigende, aufeinanderzuwachsende Haken.	**nehrung**	Sand-spit enclosing or parially enclosing a lagoon (haff) with hooked-shaped ends.
	Priel	Erosionsrinne im Tidenbereich des Wattes mit starker Sedimentumlagerung.	**tidal creek**	River-like branched network of channels in tidal flats.
	Riff	Küstenparallele Schwelle (Untiefe) aus Fels (Felsriff) oder Kies/Sand (Kies–Sandriff) in der offenen See.	**shoal**	Submerged ridge parallel to the coast of rocks or of gravel and sand.
	Schwemmfächer, -kegel	Kleines Delta an der Mündung eines ehemaligen oder eines zeitweise trockenliegenden Fließgewässers.	**allivial fan, allivial cone**	A fan-shaped mass of sand and gravel deposited by a stream where it leaves a narrow valley and enters the main valley or plain.
	Strandwall	Grobkörnige, langgestreckte, küstenparallele Aufschüttung kurzfristiger Hochwässer oberhalb des Mittelwassers.	**beach ridge**	Elongated mound of coarse sand built parallel to the coast above the limit of storm waves.
	Wehle	Kolkartige, durch Deichbruch entstandene, tiefe Hohlform hinter einem Deich.	**wehle** (ST)	Deep funnel-shaped crater behind a dyke resulting from a burst in the dyke.
2.3	**Glaziale und periglaziale Abtragungs- und Ablagerungsformen**	Formen, die im festländischen Bereich unter Einwirkung von Inlandvergletscherung, lokaler Vereisung, periglazialer Bodengefrornis oder Schmelzwasser entstanden sind.	**Glacial and periglacial landforms, both erosional and depositional**	Landforms created by an ice sheet, local glaciation, periglacial permafrost or meltwater.
	Blockpackung	Endmoräne, die überwiegend aus erratischen Blöcken besteht.	**boulder belt**	An end moraine consisting mainly of glacial boulders.
	Brodelboden	Über Dauerfrostboden in aufgetauten Bereichen durch Auflastdruck von wiedergefrierendem Eis strukturierter Boden mit nach oben gepreßten Partien.	**cryoturbation, congeliturbation**	The disturbing of soil or other unconsolidated material due to frost action in permafrost regions.
	Buckelwiesen	Durch periglazialen Bodenfrost entstandenes Areal mit runden bis ovalen Bodenaufwölbungen.	**hummocky ground**	An area of round to oval-shaped knolls created by periglacial permafrost.
	Drumlin	Mit Geschiebemergel überdeckter, stromlinienförmiger Hügel aus Schotter und Gesteinsschutt (in Richtung der ehemaligen Eisbewegung elliptisch gestreckt).	**drumlin**	Oval hill of glacial till elongated in the flow direction of the former ice sheet.

Eiskeil (fossil)	Durch Bodenfrost entstandene, keilförmige Spalte im Lockergestein, die mit Sedimentmaterial gefüllt ist.	**fossil ice wedge**	Wedge-shaped crack in unconsolidated rock formed by ground ice and filled with sediment.
Endmoräne	An der Stirn eines vorrückenden Gletschers oder Inlandeises aufgeschobene, wallartige oder beim Abtauen des Eises ausgeschmolzene Schuttmassen (Stauchendmoräne bzw. Satzendmoräne).	**end moraine**	Debris piled up at the end of an advancing glacier or ice sheet (push moraine or terminal moraine).
Findling	Vom Gletscher/Inlandeis transportierter, ortsfremder Gesteinsblock.	**erratic block**	A boulder transported from its place of origin by a glacier or ice sheet.
Frostmusterboden (Strukturboden)	Boden, der durch Separation der steinigen und erdigen Bodenbestandteile bestimmte Strukturformen angenommen hat. Die Sortierung ist durch periodische Gefrier- und Abtauvorgänge im Boden bedingt.	**patterned ground**	Soil with well-defined patterns produced by separation of the rocky and earthy particles. Sorting due to freeze-thaw processes during permafrost conditions.
Gletschermühle, Gletschertopf	Von in Gletscherspalten herabstürzendem, mit Geröllen beladenem Schmelzwasser ausgekolkte, oft zylindrische Hohlform in Festgesteinen.	**giant's kettle, glacial pothole**	A hollow form, frequently cylindrical in shape, scoured in bedrock by swirling meltwater and the rock debris it transports.
Gletscherschliff	Glatt geschliffene Gesteinsoberfläche aufgrund von Gletscherbewegungen.	**glacial polish**	A smooth bedrock surface polished by glacial action.
Gletscherschramme	Durch im Eis mitgeführte Geschiebe entstandene Ritzungsmarken im Festgestein des Gletscherbettes oder auf Oberflächen anderer Geschiebe.	**glacial striation**	Lines engraved on a bedrock surface by the rock fragments transported by ice or on surfaces of the rock fragments themselves.
Grundmoräne	An der Basis eines Gletschers mitgeführte und abgelagerte Moräne.	**till**	Rock material dragged along and deposited at the base of a glacier or ice sheet.
Kames	In Seen auf dem Toteis oder (bei Talgletschern) zwischen Eisrand und Untergrund flächenhaft aufgeschüttete, oft terrassenartig gestaffelte Schmelzwassersande von kuppen- oder kegelförmiger Gestalt.	**kame**	Mound or cone of stratified meltwater sand formed on dead ice in lakes or (on valley glaciers) at the edge of the ice, often deposited as a fan or delta.
Kar	Halbkreisförmige, nischenartige Hohlform am Fuß hoher Gebirgshänge mit steilen Rück- und Seitenwänden, einem flachen Karboden und häufig einer aus Schuttmaterial oder festem Fels aufgebauten Karschwelle zur Talseite hin.	**cirque**	Semicircular, recessed hollow high on the side of a mountain slope; it has steep sides, a flat floor and frequently a threshold of debris or solid rock facing the valley.

Os	Bahndammartig schmaler, oft verzweigter Rücken aus geschichteten Sanden und Kiesen, der durch Schmelzwässer in Höhlen und größeren Spalten sub- und intraglazial abgelagert worden ist.	esker	A narrow, often branched ridge of stratified sand and gravel originally deposited by subglacial and intraglacial meltwater in caves and larger crevasses of a stagnant or retreating glacier.
Pingo	Im periglazialen Klimabereich durch Nachsacken des Bodens über abgeschmolzenem Quelleis entstandene geschlossene Bodensenke mit Randwall.	pingo	In periglacial regions a ground-ice mound formed by collapse of the ground (occasionally filled with water) above a spring when melting.
Polygonboden	Von zahlreichen Spaltenfüllungen durchsetzter Boden mit polygonartigen Strukturen (fossile Eiskeilnetze) in periglazialer Klimaregion.	polygonal ground	Ground in periglacial regions marked by numerous ice-wedges and polygonal patterns (fossil network of ice wedges).
Rummel	Unter periglazialen Bedingungen über Dauerfrostboden entstandenes Tal.	rummel (ST)	A valley formed in the thaw zone above permafrost under periglacial conditions.
Rundhöcker	Durch Gletscherschurf zugerundete Felsrücken.	roche moutonnée	Small hill of bedrock rounded by glacial abrasion, elongated in the direction of ice flow.
Sander	Ausgedehnte, ebene Sand- oder Schotterfläche mit meist flach zum Vorland geneigter Oberfläche, die vor der Gletscherfront durch Schmelzwässer gebildet wurde.	outwash plain	Broad, level sheet of sand and gravel deposited by meltwater streams in front of a glacier, gently sloping away from the ice.
Schmelzwassertal	Durch glazifluviatile Erosion angelegtes Tal, dessen Sohle mit Schmelzwasserablagerungen ausgefüllt ist.	meltwater channel	Valley formed by glaciofluvial erosion, the floor of which is covered with sediments deposited by meltwater.
Toteisloch (Soll)	Durch Nachsacken von eiszeitlichen Ablagerungen über abgeschmolzenem Toteis entstandene geschlossene Bodensenke im Moränenbereich.	kettle	A depression within a moraine without surface drainage formed when a block of dead ice in a moraine melts.
Trogtal	Durch Exarationswirkung eines Gletschers aus einem fluviatilen Kerbtal entstandene Talform mit U–förmigem Querschnitt.	U-shaped valley	Valley with a U-shaped cross-section, created by glacial erosion of a V-shaped valley.
Trompetental	Talabwärts trompetenartig ausgeweitetes Tal.	trumpet valley	A narrow valley that opens out into a broad funnel, like the bell of a trumpet, on reaching the piedmont.
Tunneltal	Unter oder in einem Inlandeis entstandenes Schmelzwassertal mit unregelmäßigem, oft gegenläufigem Gefälle.	tunnel valley	A shallow trench formed in glacial drift by subglacial meltwater.
Urstromtal	Großes Schmelzwassertal.	urstromtal	A large-scale meltwater channel.

2.4	**Windbedingte Abtragungs- und Ablagerungsformen**	Formen, die unter der Einwirkung des Windes entstanden sind.	**Features resulting from eolian erosion and deposition**	Forms produced by wind action.
	Düne, Dünenlandschaft	Vollformen, die durch äolisch umgelagerten Fein- bis Mittelsand entstanden sind, häufig mit ausgeprägter Reliefbildung (Kuppen-, Sichel-, Strichdünen).	sand dune	Body of fine to medium eolian sand with a well-defined shape (sand dome, barchan dune, longitudinal dune).
	Flugsanddecke	Aus äolisch umgelagertem Fein- bis Mittelsand entstandene, geringmächtige Decke (bis 2 m) mit schwacher Reliefausprägung.	sand sheet	Relatively thin (2 m) layer of fine to medium sand transported and deposited by the wind with a weak relief and usually bedded.
	Pilzfelsen	Durch unterschiedliche Verwitterungsresistenz hervorgerufener, freistehend aufragender Einzelfelsen mit schmalem Hals aus leichter erodierbarem Gestein und breiter Krone aus hartem Gestein.	mushroom rock	An isolated table-like rock formed by differential weathering with a thin "stem" of eroded soft rock and a wide cap of more resistant rock.
	Steinsohle	Anreicherung von Steinen auf einer alten Landoberfläche.	desert pavement	Wind-polished rock fragments remaining on a desert surface after the wind has removed the finer particles.
	Windkanter	Stein mit einer oder mehreren windgeschliffenen Flächen (Facetten).	windkanter	A stone with one or several faces (facets) polished by the wind.
	Windausblasungsmulde (Schlatt, Deflationswanne)	Flache Senke, die durch Auswehung von Sand entstanden ist.	deflation basin (wind-scoured basin)	Shallow depression in sand excavated by wind action.
2.5	**Lösungsbedingte Abtragungs- und Ablagerungsformen**	Karsterscheinungen und Subrosionsformen in löslichen Gesteinen.	**Solution-induced features**	Karst and subsurface erosion features in soluble rocks.
	Doline	Durch Einsturz unterirdischer Lösungshohlräume in Karbonatgesteinen entstandene, schlot-, trichter- oder schüsselförmige Vertiefung einer Karstoberfläche mit einem Durchmesser bis > 1 km und Tiefen bis ca. 300 m.	doline, solution	A doline is formed in a karst area and has subterranean drainage; it is meters to tens of meters across.
	Erdfall	Durch unterirdische Auslaugung von Salz oder Gips an der Erdoberfläche entstandener Einsturztrichter von wenigen Metern Durchmesser und unterschiedlicher Tiefe.	sinkhole	The most common type of sinkhole, which grows when closely spaced fissures underneath it enlarge and coalesce.
	Estavelle	Wasserspeiloch in Karst-Poljen, in dem zeitweilig auch Wasser versickert.	estavelle	A cave in karst poljes with a spring in some periods and a sinking stream in others.

	Geologische Orgel	Serie von Schlotten (s.dort).	**Geologische Orgel (ST)**	Serie of pipes (see under pipe).
	Karren, Schratten	Rinnen- und napfartige Vertiefungen (bis Meterbereich) auf Oberflächen löslicher Gesteine.	**karren**	Grooves and round-bottomed depressions (as much as a meter wide) on the surface of soluble rocks.
	Karsthöhle	Natürlicher, unterirdischer Hohlraum in Karbonat- oder Sulfatgesteinen, der durch Lösung und Auslaugung entstanden ist.	**karst cave**	A natural, subterranean cave in carbonate or sulphate rocks produced by leaching.
	Karstspalte	Steilwandige Hohlform in Karbonat- oder Sulfatgesteinen, durch Auslaugung entstanden.	**karst fissure**	A steep-sided cavity in carbonate and sulphate rocks produced by leaching.
	Polje	Großes, geschlossenes, meist steilwandiges Becken mit ebenem Aufschüttungsboden und unterirdischer Entwässerung in Karbonatgesteinen.	**polje, polya**	An extensive, closed, usually steep-sided depression in a karst region, whose floor is covered with alluvium and whose drainage is subterranean.
	Ponor	Trichter- oder schachartiges Loch in Karsthohlform, in welches Oberflächenwasser einströmt.	**ponor**	Funnel- or shaft-shaped sinkhole in a karst area into which surface water flows.
	Schlotte	Durch Auslaugung und Lösungserweiterung entstandene, steilstehende schacht- oder trichterartige Vertiefung in Sulfat- oder Karbonatgestein.	**pipe**	Funnel- or shaft-shaped conduit produced by leaching and solution in karst rocks.
	Schwinde	Stelle an der Erdoberfläche, an der größere Mengen von fließendem Wasser versickern.	**swallow hole**	Site on the Earth's surface at which large amounts of flowing water disappear into the ground.
	Sinterbildung	Meist zellig–poröses, vorwiegend karbonatisches Locker- oder Festgestein an Grundwasseraustritten.	**calcareous sinter, tufa**	Cellular, porous, sedimentary rock, usually of carbonate, formed by precipitation at the mouth of a spring.
	Uvala	Große, seichte Doline mit ovalem Umriß, einem Tiefen-/Breitenverhältnis von ca. 1:10 und einer breiten, unebenen Sohle.	**karst valley, uvala**	A large, closed depression caused by the coalescence of several sinkholes, several hundred meters to a few kilometers across with irregular margins and floor.
2.6	**Verwitterungsformen**	Durch klimatische und atmosphärische Einwirkungen entstandene Bildungen.	**Weathering landforms**	Landforms created by climatic influences.
	Felsburg, Felsturm, Felsnadel	Durch Verwitterung und Abtragung herausgearbeitete Felsgebilde in Form größerer, bastionartiger Komplexe (Felsburgen) oder mehr schlanker, zylindrischer Einzelformen (Felsturm, Felsnadel) mit vorwiegend steilen bis senkrechten Wänden.	**tor, tower, needle, pinnacle**	Rock formations formed in-situ by weathering and erosion resembling large fortresses (tor) or thinner, cylindrical formations (tower, needle) predominantly with steep to vertical sides.

	Höhle	Natürlicher, unterirdischer Hohlraum im Gestein.	**cave**	Natural underground cavity large enough for a person to enter, normally with a connection to the surface.
	Klippe	Siehe Felsturm	**crag**	A steep point or eminence of rock, especially one projecting from the side of a mountain (see also under tower).
	Tafoni	Bröckellöcher, die zum Teil mehrere Meter tief in ein Gestein eingreifen und deren Entstehung auf chemische und/oder mechanische Verwitterung zurückgeführt wird (z.B. Wabenverwitterung, Windausblasung, Steingitter).	**tafone**	Hollows and recesses extending several meters into the rock; the process is attributed to chemical and/or mechanical weathering (honeycomb structure, wind blowout, stone lattice).
	Wollsack-, Matratzenverwitterung	Schwach gerundete, kissenartige oder plattige, matratzenartige Blöcke von Granit oder ähnlichen Felsgesteinen (gelegentlich auch bei Gneisen und Sandsteinen), die durch eine die Bankung sowie Quer- und Längsklüftung nachzeichnende Verwitterung entstanden sind.	**tor weathering, core-stone weathering**	Chemical weathering along joints or other fractures forming slightly rounded pillow-like or flat matress-like blocks of granite or similar rock (occasionally found in gneiss and sandstone).
2.7	**Seen- und Moorbildungen**	Natürliche stehende Gewässer und nacheiszeitliche Moorbildungen des festländischen Bereiches.	**Lakes and mires**	Inland bodies of standing water and mires.
	Abdämmungssee	See in einer durch junge Ablagerungen (z.B. Moränen, Bergstürze, Gletscher) abgedämmten Hohlform.	**lake behind a natural dam**	Lake behind a recent deposit, e.g., landslide, moraine or glacier.
	Endmoränensee	See in einer durch Gletscherausräumung entstandenen und durch Moränen abgedämmten Hohlform.	**morainal lake**	A lake in a depression formed by glacial erosion and held back by an end or ground moraine.
	Grundmoränensee	See in einer breiten, flachen, rundlichen Senke in einem Grundmoränengebiet.	**ground moraine lake**	Lake in a shallow and, as a rule, flat depression in a ground moraine area.
	Hangmoor	In bergigem Gelände auftretende, flächige Moorbildung in Hanglagen auf geringdurchlässigem Gesteinsuntergrund (Fels, Lehm oder Ton).	**slope mire**	A mire on a hillside, predominantly in mountainous regions, on rock or other material with poor drainage (rock, loam, clay).
	Hochmoor	Über ihre Umgebung uhrglasförmig aufwachsende Moorbildung, die ihr Wachstum allein den Niederschlägen verdankt.	**raised bog**	A mire with a convex surface and dependent on precipitation for its water supply.
	Karstsee	See in einer durch Auslaugung und Einsturz des Untergrundes entstandenen Hohlform.	**karst pond**	A lake in a depression formed by leaching and collapse of the rocks beneath.

	Maarsee	See in einer durch vulkanische Explosion entstandenen rundlichen, trichterförmigen Hohlform.	**maar lake**	A lake in a volcanic crater formed by multiple volcanic explosions.
	Moorauge	Kleinflächiger See in einem Moor.	**bog pond**	A small pool in a mire.
	Niedermoor, Flachmoor	Moorbildung im Grundwasserbereich.	**fen**	A mire whose water supply comes from both groundwater and precipitation.
	Quellmoor	An örtlichen Grundwasseraustritten entstandene, kleinflächige Moorbildung.	**spring mire**	Mire associated with a spring or in an area in which groundwater seeps to the surface.
	Rinnensee	Wasserausfüllung eines Rinnentales in ehemals vergletschertem Gebiet.	**groove lake**	A furrow filled with water in a region that was once glaciated.
	See	Wasseransammlung in einer natürlichen Hohlform der Landoberfläche (Seebecken), oft mit Ein- und Ausfluß.	**lake**	A body of water in a depression, normally with inflow and outflow.
	Seeterrasse	Randliche Ablagerung mit ebener Oberfläche an einem See, die bei einem einst höheren Wasserspiegel entstanden ist.	**lake terrace**	A level deposit formed on the shore of a lake and exposed when the water level falls.
	Thermokarstsee	Im Periglazialbereich durch Abschmelzen von Bodeneis entstandene wassergefüllte, flache Senke.	**thermokarst lake**	A shallow depression filled with water and produced by the thawing of ground ice in periglacial regions.
	Übergangsmoor, Zwischenmoor	Moorbildung, die nicht eindeutig einem Niedermoor oder Hochmoor zugeordnet werden kann.	**transition mire**	A mire in a transitional phase between a raised bog and a fen.
	Zungenbeckensee	See in einem talwärts durch Endmoränen begrenzten wannenartigen Becken, in dem eine Gletscherzunge gelegen hat.	**glacial-lobe lake**	A lake in a depression formed by a glacier tongue and blocked by an end moraine.
2.8	**Magmatische Bildungen**	Formen, die durch vulkanische Aktivität oder das Eindringen von Magma in die Erdkruste entstanden sind.	**Igneous structures**	Structures produced by volcanic activity or the intrusion of magma in the Earth's crust.
	Basaltkissen	Kissenförmige Absonderung subaquatisch ausgeflossener basaltischer Lava.	**basalt pillow**	Pillow-like subaquatic deposit of basaltic lava.
	Basaltsäule	Säulenartige Absonderung mit polygonalem Querschnitt.	**columnar structure**	Columnar jointing producing columns with a polygonal cross-section in basalt or dolerite.

Caldera	Kesselartige Vertiefung mit mehreren hundert Metern bis zu Kilometern Durchmesser im Bereich von Vulkanen, die auf das Einstürzen des Deckgesteins des weitgehend entleerten Magmenherdes (Einsturz–Caldera) oder auf das Herausschleudern von Gestein durch Gasexplosionen (Explosions–Caldera) zurückgeführt wird.	**caldera**	Basin-shaped depression of volcanic origin with a diameter of several hundred meters to a few kilometers formed by the collapse of the roof of a magma chamber after the nearly complete removal of magma (collapse caldera) or by the ejection of rocks during a gaseous explosion (explosion caldera).
Gang	Ausfüllung von Spalten in der Erdkruste durch magmatische Gesteine oder Mineralabsätze in Gestalt meist plattenförmiger Körper. Sie durchschlagen in verschiedenen Winkeln das Umgebungsgestein.	**dyke** (dike), **sill, vein**	Intrusive igneous rock, usually tabular, in a fault or other fracture; a dyke cuts the bedding or foliation of the country rock at various angles; a sill is the concordant equivalent intrusion; a vein is the mineral filling of a fault or other fracture.
Gasexhalationskanal	Röhrenartiger Förderweg von Entgasungen an Vulkanen.	**exhalation conduit**	A tube-like passage through which volcanic gases escape.
Lavadecke	Großflächig ausgeflossene Lava.	**lava flow**	Lava that has flowed from a vent or fissure and spread as a sheet.
Lavahöhle	Beim Erstarren der ausfließenden Lava entstandene, tunnelartige Höhle.	**lava tube**	A tunnel-shaped cave formed when lava withdraws from beneath the solidified surface layer of a lava flow.
Maar	Durch Wasserdampfexplosion bei vulkanischer Tätigkeit hervorgerufene trichter- bis schüsselförmige Eintiefung.	**maar**	A round, funnel- or bowl-shaped crater formed by formed by multiple volcanic explosions.
Staukuppe (Quellkuppe)	Durch Aufstauung zähflüssiger magmatischer Schmelzen im Bereich von Vulkanen entstandene keulenartige Gesteinsmasse.	**plug dome**	Dome-shaped rock mass formed by the intrusion of viscous magma into or between other rock formations near the Earth's surface.
Vulkankegel	Ein um einen Vulkankrater ringförmig aufgeschütteter Wall aus vulkanischen Auswurfprodukten.	**volcanic cone**	A conical hill-of lava and/or pyroclastics around a volcanic vent.
Vulkankrater	Oberster, trichter-, kessel- oder schachtförmiger Teil des Förderkanales eines Vulkans.	**volcanic crater**	Circular, basin-like, rimmed structure, usually at the summit of a volcano.
Vulkanschlot	Röhren- oder spaltenförmiger Aufstiegskanal, der mit vulkanischen Produkten gefüllt ist.	**volcanic pipe**	A conduit through which magma reaches the Earth's surface.

2.9	**Impaktbildungen**	Durch Meteoriteneinschlag bedingte Formen und Bildungen.	**Meteorite-impact landforms**	Landforms and features created by the impact of meteorites.
	Allochthone Scholle	Zerrüttetes, jedoch im Verband gebliebenes Gesteinspaket größeren Ausmaßes (bis zu mehreren km^3), das vom ursprünglichen Bildungsort entfernt in ortsfremder Umgebung liegt.	**allochthon**	Mass of rock (up to several km^3) transported by the force of the impact from its original site to a new site.
	Äußerer Wall	Ringförmige Bodenerhebung, die den maximalen Umfang des Kraters nachzeichnet; sie wird meist aus aufgewölbten, stark gestörten Untergrundsgesteinen und Trümmermassen aufgebaut und stellenweise von allochthonen Schollen überlagert.	**outer rim**	Raised periphery of a meteorite crater; usually formed of strongly shattered bedrock and rock debris and partly overlain by allochthonous blocks.
	Innerer Wall	Ringförmige, flache Bodenerhebung in Zentrumsnähe eines Meteoritenkraters; der Wall entsteht durch das Zurückfallen herausgeschleuderter Gesteinsmassen nach dem eigentlichen Meteoriteneinschlag.	**inner crater**	Circular, low crater near the centre of the meteorite crater; the inner or secondary crater is formed by rock masses catapulted out and falling back within the outer rim.
	Meteoritenkrater	Ein durch den Aufprall eines Meteoriten erzeugter schüsselartiger Krater.	**meteorite crater**	A bowl-like structure created by the impact of a meteorite.
	Schlifffläche	Planare Gesteinsoberfläche mit ausgeprägten, gerichteten Striemen, die durch den Rutschtransport herausgerissener Gesteinsschollen erzeugt wurden.	**polished surface**	Plane rock surface with well-defined grooves in one direction, produced by sliding blocks of rock.
3	**Quellen**	Örtlich begrenzte Austritte von Grundwasser, die natürlich oder künstlich geschaffen wurden.	**Springs and artesian wells**	Sites where groundwater issues from the earth.
			spring	A place where groundwater issues naturally from the ground.
	Artesische Quelle	Bei Entlastung (hydrostatischer Druck) durch eine Brunnenbohrung entstandener, künstlicher Wasseraustritt.	**artesian well**	A well from which groundwater flows to the surface by artesian pressure (hydrostatic pressure).
	Karstquelle	Im Karst austretende, in ihrer Schüttung und chemischen Zusammensetzung häufig stark schwankende Quelle.	**karst spring**	A stream emerging from a karst cave; it commonly has a highly variable discharge and chemical content.
	Mineralquelle	Quelle mit mehr als 1000 mg/l gelöster Stoffe, CO_2 oder mit Gehalten an Spurenelementen oberhalb festgelegter Grenzwerte.	**mineral spring**	Spring with more than 1000 mg/L dissolved minerals, CO_2 or with more than a given content of trace elements.

Perennierende Quelle	Ganzjährige, aber jahreszeitlich schwankende Schüttung.	**perennial spring**	Spring discharging water throughout the year, but subject to fluctuation.
Periodische Quelle	Episodische Schüttung.	**periodic/intermittent spring**	Spring that discharges only periodically.
Solequelle	Quellwasser mit Gesamtsalz–Gehalt > 10 g/l	**salt spring**	Spring discharging salt water (>10g/L).
Thermalquelle	Quelle mit mehr als 20 °C Austritts–Wassertemperatur.	**thermal spring**	Spring with a water temperature higher than 20 °C.

Erfassungsbeleg Geotop (Muster), Blatt 1   **Anlage 2**

1. *Identifikation:* .... ***Objekt-Nr.:*** ....

Archiv- / Fachbereich: ....

2. Raumbezug (Lage):

Ortsbezeichnung: ....

....

....

Bundesland: .... Regierungsbezirk: .... Landkreis: ....

Stadt / Gemeinde: .... Gemeindeschlüssel: ⌊_⌊_⌊_⌊_⌊_⌊_⌋

TK 25 - Nr: ....

Koordinatensystem [1] : ☐   ***R*** : ⌊_⌊_⌊_⌊_⌊_⌊_⌊_⌋   ***H*** : ⌊_⌊_⌊_⌊_⌊_⌊_⌊_⌋

Koordinatenfindung [2]: ☐   *Genauigkeit* [3]: ☐   *Bezugspunkt der Koordinaten* [4]: ☐

Höhensystem [5]: ☐   *Höhe (m)*: .... *Höhenfindung* [6]: ☐   *Genauigkeit* [3]: ☐

3. Geologische Beschreibung:

Geotoptyp [7]: ⌊_⌊_⌊_⌋ ....

Regionalgeologische Zuordnung: ⌊_⌊_⌊_⌋ ....

Stratigraphische Stellung (geologische Einheit): ⌊_⌊_⌊_⌋ ....

Petrographische Beschreibung: ⌊_⌊_⌊_⌋ ....

Genese: ⌊_⌊_⌊_⌋ ....

Aufschlußart [8]: ⌊_⌊_⌊_⌋ ....

Profil: ....

4. Größe des Objektes:

Länge (m): .... Breite (m): .... Höhe (m): .... Umfang (m): ....

Volumen (m^3): .... Form: .... Quellschüttung (l/s): ....

5. Eigentümer: ....

....

6. Erreichbarkeit: ☐ abgelegen, schwieriges Gelände
                          ☐ zugänglich, ohne Mühe erreichbar
                          ☐ erschlossen, anfahrbar

7. Nutzung [9]: ☐ ....

1) - 9) Erläuterungen s. nächste Seite   © 1996 "Ad-hoc-AG Geotopschutz" des BLA Bodenforschung

Begriffs- und Schlüssellisten zum Erfassungsbeleg Geotop / Anlage 2 / Blatt 1

Kursiv gedruckte Datenfelder sind obligatorisch auszufüllen !

Die hochgestellten Ziffern beziehen sich auf folgende Angaben:

1) *Koordinatensystem*
1 : Gauß-Krüger-Netz
2 : UTM
3 : geographische Koordinaten

2) *Koordinatenfindung*
M : geodätisch eingemessen
K : aus der Karte abgelesen (Planzeiger)
L : aus Luftbild / Luftbildplan bestimmt
U : ungeprüfte Angabe aus Bohrarchiv
F : Fremdangabe von Einsender
G : geschätzt
A : andere Bestimmung

3) *Genauigkeit (möglicher Fehler)*
1 :   > 100 m
2 : 100 m - 10 m
3 : 10 m -   1 m
4 :   < 1 m

4) *Bezugspunkt der Koordinaten*
1 : zentraler Punkt im Aufschlußgelände
2 : Bruch- oder Grubeneingang
3 : Betriebs- / Verwaltungsgebäude
4 : höchster Punkt der Wand
5 : Beginn des Profils
6 : Straßen- / Wegkreuzung
7 : Höhenpunkt

5) *Höhensystem*
1 : NN (Normal Null)
2 : SKN (Seekartennull)
3 : NAP (neuer Amsterdamer Pegel)

6) *Höhenfindung*
M : geodätisch eingemessen
B : barometrische Höhenmessung
K : aus der Karte abgelesen
D : aus digitalem Höhenmodell bestimmt
U : ungeprüfte Angabe aus Bohrarchiv
F : Fremdangabe von Einsender
G : geschätzt

7) *Geotoptyp*: siehe Anlage 1: Erläuterung ausgewählter geologischer Begriffe

8) **Aufschlußart**
Bodenfund
Bachprofil
Baugrube
Bohrung
Böschung
Felswand
Flußbett
Graben
Hanganriß
Hohlweg
Kanal
Kies-, Sandgrube
Lehm-, Ton-, Mergelgrube
Pinge
Prallhang
Schacht
Schurf
Seifenwaschplatz
Steige
Steinbruch
Stollen
Tagebau
Torfstich
Trichtergrube
Tunnel

9) **Nutzung**
0 : keine
1 : Rohstoffgewinnung
2 : Wasserwirtschaft
3 : Landwirtschaft
4 : Forstwirtschaft
5 : Freizeit und Erholung
6 : Fischerei
7 : Deponie
8 : Naturschutz
9 : Sonstige

© 1996 "Ad-hoc-AG Geotopschutz" des BLA Bodenforschung

Erfassungsbeleg Geotop (Muster), Blatt 2 **Anlage 2**

8. *Zustand des Objektes*:
☐ nicht beeinträchtigt
☐ gering beeinträchtigt (verwittert, verrollt, verschmutzt, zugewachsen)
☐ stark beeinträchtigt (beschädigt, rekultiviert, verfüllt)
☐ zerstört

9. *Schutzstatus*:

☐ keiner vorhanden   ☐ im Verfahren   ☐ vollzogen
☐ besonders geschützter Biotop

Ausweisung als

☐ Naturdenkmal (ND)   ☐ geschützter Landschaftsbestandteil (LB)   ☐ Bodendenkmal (BD)

Geotop liegt in

☐ Naturschutzgebiet (NSG)   ☐ Nationalpark (NP)   ☐ Grabungsschutzgebiet (GSG)
☐ Landschaftsschutzgebiet (LSG) ☐ Naturpark (NaP)   ☐ Biosphärenreservat (BR)
☐ Wasserschutzgebiet (WSG)   ☐ ....

10. Bemerkungen / Kurzbeschreibung: ....

....

....

....

....

....

....

....

11. Anlagen: ☐ Lageplan   ☐ geologische Skizze   ☐ Videocassette
                  ☐ Foto   ☐ geologischer Schnitt   ☐ Luftbild
                  ☐ Dia   ☐ Analysenergebnisse   ☐ Sonstige

12. Literatur / Referenz: ....

....

....

....

13. Bearbeiter:

Erstaufnahme (Name/Inst.): .... Datum: |_|_|_|_|_|_|

Endbearbeitung (Name/Inst.): .... Datum: |_|_|_|_|_|_|

Nachträge (Name/Inst.): .... Datum: |_|_|_|_|_|_|

© 1996 "Ad-hoc-AG Geotopschutz" des BLA Bodenforschung

Bewertungsbeleg Geotop (Muster), Blatt 1 — Anlage 3

Ermittlung des geowissenschaftlichen Wertes

14. Allgemeine geowissenschaftliche Bedeutung (s. Kap. 6.1.1):

- ☐ Bodenkunde
- ☐ Glazialgeologie
- ☐ Hydrogeologie
- ☐ Ingenieurgeologie
- ☐ Mineralogie / Petrographie
- ☐ Morphologie / Landschaftsgeschichte / Paläogeographie
- ☐ Paläontologie
- ☐ Rohstoffgeologie
- ☐ Sedimentologie
- ☐ Stratigraphie
- ☐ Strukturgeologie / Tektonik
- ☐ Vulkanologie
- ☐ ....

- ☐ 1 Fachbereich
- ☐ 2 - 4 Fachbereiche
- ☐ > 4 Fachbereiche

15. Regionalgeologische Bedeutung (s. Kap. 6.1.2):

- ☐ keine
- ☐ bedeutend als lokale Erscheinungsform
- ☐ bedeutend für eine geologische Region
- ☐ bedeutend für eine geologische Großregion / Land / überregional

16. Öffentliche Bedeutung für Bildung, Forschung und Lehre (s. Kap. 6.1.3):

- ☐ keine
- ☐ heimatkundliches Demonstrationsobjekt, touristisches Lehrobjekt
- ☐ wissenschaftliches Exkursions-, Lehr- oder Forschungsobjekt
- ☐ besonderes wissenschaftliches Referenzobjekt oder Typlokalität

17. Erhaltungszustand (s. Kap. 6.1.4):

- ☐ stark beeinträchtigt (beschädigt, rekultiviert, verfüllt)
- ☐ gering beeinträchtigt (verwittert, verrollt, verschmutzt, zugewachsen)
- ☐ nicht beeinträchtigt

18. Anzahl gleichartiger Geotope in einer geologischen Region (s. Kap. 6.1.5):

- ☐ häufig (> 7 Objekte)
- ☐ mehrfach (2-7 Objekte)
- ☐ selten (1 Objekt)

19. Anzahl geologischer Regionen mit gleichartigen Geotopen (s. Kap. 6.1.6):

- ☐ häufig (> 4 geologische Regionen)
- ☐ mehrfach (2-4 geologische Regionen)
- ☐ selten (1 geologische Region)

20. Geowissenschaftlicher Wert des Geotopes (s. Kap. 6.1.1 - 6.1.6):

Der Geotop ist
- ☐ geringwertig
- ☐ bedeutend
- ☐ wertvoll
- ☐ besonders wertvoll

weil..
....
....

© 1996 "Ad-hoc-AG Geotopschutz" des BLA Bodenforschung

Bewertungsbeleg Geotop (Muster), Blatt 2 **Anlage 3**

Ermittlung der Schutzbedürftigkeit

21. Gefährdung des Geotopes (s. Kap. 6.2.1):

Keine Gefährdung, da
- ☐ keine Rohstoffgewinnung oder Baumaßnahme geplant ist,
- ☐ Rohstoffabbau abgeschlossen ist,
- ☐ weder Verfüllung noch Rekultivierung der Abbaustelle vorgesehen ist,
- ☐ Geotop in einem Naturschutzgebiet (NSG), Nationalpark (NP) oder Grabungsschutzgebiet (GSG) liegt,
- ☐ Geotop als Naturdenkmal (ND), geschützter Landschaftsbestandteil (LB) oder Bodendenkmal (BD) ausgewiesen oder ein besonders geschützter Biotop ist.

Geringe Gefährdung, da
- ☐ Geotop in einem Rohstoffvorkommen liegt,
- ☐ Abbaustelle renaturiert wird,
- ☐ Geotop in einem Landschaftsschutzgebiet (LSG), Naturpark (NaP), Biosphärenreservat (BR) oder Wasserschutzgebiet (WSG), liegt.

Erhebliche Gefährdung, da
- ☐ laufende Abbaumaßnahme eine mögliche Zerstörung des Geotopes bewirken kann,
- ☐ Geotop in einer Rohstoffvorrangfläche liegt,
- ☐ Verfüllung oder Rekultivierung der Abbaustelle geplant ist,
- ☐ bestandsgefährdende Zielvorgaben in Regionalplan, Bauleitplänen oder Entwicklungsprogrammen vorliegen,
- ☐ Beschädigungen durch Freizeitaktivitäten erfolgen können.

Akute Gefährdung, da
- ☐ laufende Abbaumaßnahme den Geotop in kurzer Zeit unwiederbringlich zu zerstören droht,
- ☐ aufgelassene Abbaustelle verfüllt wird,
- ☐ Raumordnungsverfahren für Rohstoffgewinnung oder Baumaßnahmen positiv abgeschlossen ist.

22. Schutzstatus vergleichbarer Geotope (s. Kap. 6.2.2):
- ☐ mindestens ein vergleichbarer Geotop ausreichend geschützt
- ☐ kein vergleichbarer Geotop ausreichend geschützt

23. *Schutzbedürftigkeit des Geotopes* (s. Kap. 6.2.1 - 6.2.2):
- ☐ nicht schutzbedürftig
- ☐ gering schutzbedürftig
- ☐ erheblich schutzbedürftig
- ☐ akut schutzbedürftig

24. Gesamtergebnis der Bewertung (Schutzwürdigkeit) (s. Kap. 6.3):

Der Geotop ist
- ☐ **unbedeutend**
- ☐ **erhaltenswert**
- ☐ **schutzwürdig**

Vergleichbare Objekte: ....
....

© 1996 "Ad-hoc-AG Geotopschutz" des BLA Bodenforschung

Beleg für Schutz und Pflege von Geotopen (Muster), Blatt 1 — **Anlage 4**

Aussagen des Geologischen Dienstes zur Schutzverordnung (Punkte 25-30), Vollzug durch die zuständige Naturschutzbehörde

25. Schutzvorschlag:

Unterschutzstellung des Geotopes ist

☐ nicht erforderlich (damit entfallen alle weiteren Punkte)
☐ erforderlich   ☐ im Verfahren   ☐ vollzogen

als: ☐ Naturdenkmal (ND)   ☐ geschützter Landschaftsbestandteil (LB)
    ☐ Bodendenkmal (BD)   ☐ besonders geschützter Biotop

im: ☐ Naturschutzgebiet (NSG)   ☐ Nationalpark (NP)   ☐ Grabungsschutzgebiet (GSG)
    ☐ Landschaftschutzgebiet (LSG)   ☐ Naturpark (NaP)   ☐ Biosphärenreservat (BR)
    ☐ Wasserschutzgebiet (WSG)   ☐ ....

26. Fachliche Aussagen des Geologischen Dienstes zur Schutzverordnung:

Geowissenschaftliche Begründung des Schutzzweckes

....
....
....
....
....
....
....
....
....
....
....
....
....
....
....

oder:
☐ ist beigefügt   Reg. Tgb.-Nr.: ....
☐ liegt der Naturschutzbehörde bereits vor   Archiv-Nr.:   ....
☐ wird nachgereicht

© 1996 "Ad-hoc-AG Geotopschutz" des BLA Bodenforschung

Beleg für Schutz und Pflege von Geotopen (Muster), Blatt 2 **Anlage 4**

27. *Schutzmaßnahmen* (s. Kap. 7.1):
  Zuwegung
  ☐ nicht zugänglich ☐ nicht erforderlich
  ☐ erforderlich ☐ vorhanden ☐ beschildern

  Fachliche Erläuterung vor Ort (Tafel, Schild)
  ☐ nicht erforderlich ☐ vorhanden ☐ erforderlich

  Absicherung
  ☐ nicht erforderlich ☐ vorhanden ☐ erforderlich
  ☐ Zaun ☐ Hecke ☐ Erdwall

28. *Pflege- und Erhaltungsmaßnahmen* (s. Kap. 7.2)
  zur Stabilisierung, Sicherung, Wiedererkennung bzw. Wiederherstellung des Schutzzweckes

  Erforderliche Pflegemaßnahmen, wie das

  Entfernen von
  ☐ Bewuchs ☐ Boden ☐ Gesteins-, Hangschutt ☐ Abfall ☐ ....
  wegen möglicher ☐ Zerstörung ☐ Schädigung ☐ Veränderung.

  Erforderliche Erhaltungsmaßnahmen
  ☐ Aufschürfen ☐ Freilegen ☐ Säubern ☐ ....
  ☐ ohne technische Geräte ☐ mit technischen Geräten
  Art der technischen Geräte: ....

29. *Freistellungen* (s. Kap. 7.3):
  Zugänglich für
  ☐ Wissenschaft ☐ Exkursion ☐ ....
  ☐ Forschung und Lehre ☐ Natur- und Heimatkunde

30. *Gestattung wissenschaftlicher Untersuchungen* (s. Kap. 7.3):
  Entnahme von Proben
  ☐ Gesteine ☐ Böden ☐ Mineralien ☐ Fossilien
  Art der technischen Geräte: ....

  Durchführung von
  ☐ Kartierungen ☐ Vermessungsarbeiten ☐ Bohrungen, Schürfe
  Art der technischen Geräte: ....

31. Amtliche Bekanntmachung:
  ....
  ....

32. Bearbeiter:
  Name: ....
  Beruf / Funktion: ....
  Institution: ....
  Datum: ....

© 1996 "Ad-hoc-AG Geotopschutz" des BLA Bodenforschung

Geotope Conservation in Germany

Guidelines of the Geological Surveys of the German Federal States

Geographisches Institut
der Universität Kiel

1 Introduction

In the past, geological sites, but also large areas of special geological significance – initiated by governmental agencies or private individuals – have often been designated as natural monuments and archaeological sites of special value and placed under legal protection by the governmental agencies responsible for such things. However, these measures have not been based on the evaluation of systematic and comprehensive geoscientific inventories. They have been primarily motivated by interest in biological aspects and are the result of the work of nature conservation agencies of the government; associations fostering local history, geography and traditions; as well as groups and individuals interested and engaged in conservation matters, chiefly on a local level.

Owing to the differing regional competencies and procedures within and between the German federal states, reliable and comparable data on the total number and significance of geotopes is not available. The reason is that geotopes can be properly assessed only on the basis of a complete inventory and the direct comparison of similar sites. To obtain representative data, the geology of at least the areas being compared with each other must be investigated in detail and in the same way. This has been the case, however, in only a few of the federal states or parts of them (see Table 1).

Table 1: Inventory of geotopes in Germany (status: 1994)

	Area[km^2]	Documentation status	Number of geotopes inventoried
Berlin	883	general survey	45
Baden-Württemberg	35,751	general survey	3,195
Bavaria	70,547	general survey	2,910
Brandenburg	29,475	general survey and detailed survey of parts of the state	500
Hamburg	755	complete inventory of the entire area	33
Hesse	21,113	general survey	435
Mecklenburg-Vorpommern	23,167	general survey and detailed survey of parts of the state	430
Lower Saxony and Bremen	47,768	complete inventory of the entire area	1,500
North Rhine-Westphalia	34,068	general survey and detailed survey	3,200
Rhineland-Palatinate	19,852	general survey of parts of the state	40
Schleswig-Holstein	15,732	general survey	365
Saarland	2,570	general survey of parts of the state	384
Saxony	18,407	general survey and detailed survey of parts of the state	650
Saxony-Anhalt	20,444	general survey	520
Thuringia	16,175	general survey	449

2　Definition

There have been no unambiguous and generally accepted terms in the German language for the description of geoscientific sites of special significance, i.e., phenomena of an inanimate nature. Exposures, physiographic features, geological features etc. have been designated as natural phenomena, formations, structures, occurrences or as "sites of nature conservation value because of their geoscientific significance" or "Geological Natural Monuments".

In the geographic literature dealing with regional planning in the former GDR, the smallest "quasihomogeneous unit" of the environment was designated as "geotope"(HAASE 1980). After that, the meaning of the term decreasingly involved the regional planning aspect. The "Geotope Conservation Working Group in German-speaking countries" applied the term to "those parts of the geosphere which can be seen at the earth's surface or are accessible from there, with restricted dimensions, and which in the geoscientific sense can be clearly distinguished from their surroundings" (GRUBE & WIEDENBEIN 1992).

Analogously to a biotope, a geotope is a place (Greek: topos) that is of special significance, but not because of the animated nature (Greek: bios), but because of the development, structure and properties of the earth (Greek: geo). Thus, a geotope is associated with a specific site. Therefore, this site needs legal protection if the geotope is to be preserved.

During the last few years, various attempts have been made to unambiguously define the term "geotope". The term has been increasingly used analogously to the term "biotope" and because the definitions were motivated by quite different reasons, misunderstanding between users was the result. An unambiguous definition of the term "geotope" has now become absolutely necessary, owing to increasing discussion on the protection and legal protection of "geotopes" in government circles, among geoscientists, and among the public. Therefore, the Ad-hoc Geotope Conservation Working Group has worked out definitions for the terms "geotope", "geotope of nature conservation value" and " geotope conservation". These definitions are based on the nomenclature used in the present laws, avoiding geoscientific terms where possible. They are primarily meant to be used by the government when legislating and executing measures for the protection and maintenance of geotopes. Hence, in addition to easily understandable expressions, especially those terms are included that have already been used in the Federal Nature Conservation Law and in the corresponding laws of the individual federal states: e.g., "rarity", "uniqueness" and "beauty", as well as "scientific significance" or "significance to local history or geography".

Geotopes are defined as geological features of the inanimate nature which provide information on the development of the Earth or of life. They include exposures of rocks, especially those showing fossil soils, minerals of special interest, and fossil plants and animals, as well as individual natural phenomena and outstanding natural features of the landscape.

Geotopes of nature conservation value are defined as those geotopes of special geological significance, rarity, uniqueness, or beauty. They are of special value for science, research and teaching or to local history and geography. They may require legal protection, especially if they are threatened and comparable geotopes are not available.

Geotope conservation is defined as that part of nature conservation which deals with the preservation of geotopes of nature conservation value. The actual inventorying and assessment of geotopes, as well as the decisions about protection an maintenace measures needed for geotopes of nature conservation value are the responsibilities of the Geological Surveys of the individual federal states. The measures are implemented by the relevant nature conservation agencies.

In these "Guidelines for Geotope Conservation in Germany", reference is made only to the state nature conservation laws as a legal tool for geotope conservation. In states where a monument preservation law applies, the differences should be taken into consideration.

3 Objectives and Responsibilities

Geotopes are part of our natural geological heritage. They may be threatened by construction measures, weathering, vegetation growth, etc. In general, they are irreplaceable or, in a few cases, replaceable only at great expense. Therefore, besides the scientific interest, there is a considerable public interest in the preservation of significant geotopes.

3.1 Objectives of geotope conservation

Geotope conservation in Germany is based on the present legal statutes, primarily the nature conservation laws of the individual federal states. However, in contrast to biotope conservation, for which certain defined biotype types are protected in Germany without being inventoried, it is not recommendable to place all geotopes of a certain type automatically under protection. **Only those geotopes should be placed under legal protection that are of special geological significance and rarity or on the basis of their uniqueness or beauty and which are of particular value to science, research and teaching or to local history and geography.**

This means that, from the geoscientific point of view, only geotopes of special significance need to be placed under legal protection, especially when their continued existence or characteristic features is threatened, and comparable sites do not exist.

Therefore, geotope conservation should also be fixed in the Federal Nature Conservation Law and in the nature conservation laws of the individual states.

Normally, geotopes of nature conservation value are designated as natural monuments, in other cases as protected natural features or, in the case of large areas, as nature reserves.

3.2 Need for action with regard to geotope conservation

In the individual federal states, different procedures have been used to inventory and assess geotopes. There have been no uniform definitions or procedures for all of the federal states. There are also no regulations on geotope conservation or on accessibility to geotopes under legal protection. Therefore, it is presently impossible to obtain a reliable complete inventory of geotopes of nature conservation value in Germany. For this reason, a standardized geotope assessment agreed upon by all states of the Federal Republic of Germany is imperative. The basic geoscientific information necessary for the well thought out geotope conservation according to standard criteria throughout the Federal Republic is provided by these guidelines.

3.3 Responsibilities of the Geological Surveys related to geotope conservation

The inventorying and assessment of geotopes requires well-founded geological knowledge. With rare exceptions, the agencies responsible for the protection and maintenance of geotopes, however, do not have the necessary know-how. These responsibilities require a versatile general geoscientific knowledge, close cooperation between the various geoscientific disciplines, and a comprehensive knowledge of the regional geology. The task of inventorying and assessing geotopes of nature conservation value, therefore, is quite naturally the responsibility of the state Geological Surveys. Only in this way can a solid basis be guaranteed for the protection and maintenance of geotopes.

Due to the wide spectrum of geotopes of possible nature conservation value, geotope conservation is often faced with competing interests. To restrict the number of conflict cases to a minimum, only those sites should be placed under legal protection for the conservation of which there is a scientific or public interest. Geotope conservation must be handled flexibly so that other claims to the utilization of such sites can also be taken into consideration from the very beginning. Alternative sites must be included in the considerations and solutions must be favored which guarantee an appropriate compromise of interests. The Geological Surveys of the federal states are responsible for working out the geoscientific basis of this balancing of interests. A report of their investigations is submitted to the agencies responsible for placing sites under legal protection, in general, the nature conservation agencies.

4 Types of Geotopes

Selected geoscientific terms for geotopes are given in Appendix 1 to aid for the person describing geotopes in the field. The list is divided into three main groups: exposures, physiographic features, and springs. Not all of the terms are applicable to all of the federal states. This list of selected geoscientific terms for geotopes does not pretend to be exhaustive and therefore does not replace the study of the relevant literature nor a specialized dictionary. It is rather meant to explain the great variety of geological sites. Special emphasis is given to those outstanding characteristics of the various geotopes that are of relevance for conservation. Rather than for the geoscientist, the summarizing explanations are meant for the nature conservation agency involved, as well as the public interested in this subject.

The list contains well known geotope types, irrespective of whether they merit legal protection. Under no circumstances is this list meant as a basis for placing geotopes under legal protection in the general, overall sense of a "Red List", as was done for the protection of threatened species or biotopes. Due to the large number of types of geotopes, due to the differing documentary value of geotopes of the same type and due to their individual features, the compilation of such a list would not be reasonable. Therefore, whether a geotope should be placed under legal protection can be determined only by assessing the individual site in its geological setting.

4.1 Exposures (Appendix 1, No. 1)

"Natural" exposures are outcrops of rocks and soils resulting from natural processes. They include landslide scars, rock faces, undercut river banks, river beds, cliffs, and stream sections. "Man-made" exposures include quarries; clay, sand and gravel pits; artificial embankments; road cuts; foundation pits; as well as subsurface rock exposures resulting from mining, drilling or other activities.

On the other hand, historical mining sites, i.e., features that were formed during recovery of mineral resources, can be classified as geotopes in the sense of the definition given above only if they are closely associated with exposures. Such exposures can be, for example, shafts, trenches, tunnels, galleries and pits, old outcrop workings or what remains of them.

Exposures may reveal

- rocks,
- fossil soils,
- minerals of special interest,
- plant or animal fossils,
- stratigraphic and tectonic features or
- sediment structures.

They may also

- represent type localities or
- contain key profiles.

4.2 Landforms (Appendix 1, No. 2)

This term includes all landforms resulting from natural processes. Artificial landscape features such as dams, spoil heaps, landfills, etc., even if they resemble natural features, are not classified as geotopes.

Landforms are subdivided as follows:

- fluviatile and gravitational forms, both erosional and depositional,
- coastal landforms,
- glacial and periglacial landforms, both erosional and depositional,
- features resulting from aeolian erosion and deposition,
- solution-induced features,
- weathering landforms,
- lakes and mires,
- igneous structures, and
- impact landforms.

4.3 Springs and artesian wells (Appendix 1, No. 3)

A spring is a local flow of water issuing naturally from the Earth's surface. An artesian well is a well in which the groundwater head is sufficient for water to flow out at the land surface.

5 Inventorying of Geotopes

A comprehensive geotope conservation law provides for the continued existence of geotopes that are significant for, characteristic of or unique in a physiographic region, regional geological unit or certain geological period. However, this objective can only be achieved if all of the geological features of the area in question have been inventoried. Such an inventory must include all work necessary for a textual, graphic, cartographic or photographic documentation.

It is advisable to inventory geotopes in steps. The first step (a general survey) should provide an overview of the geotopes in a certain physiographic region. In the second step (a detailed survey), more information is compiled about the individual geotopes. Finally, (step 3) a complete inventory of the entire physiographic region is made. This inventory is used for the subsequent comparative assessment of all sites.

The database for the data compiled from the "geotope data acquisition forms" (Appendix 2) is set up and maintained by the Geological Survey of the relevant federal state, integrated in the geoinformation system of that state. It would also be possible to provide access to the geotope data via central kernel systems. The query systems should be structured so that any user can select and evaluate data.

5.1 General survey

The objective of a general survey is to obtain an initial, general inventory of the geotopes in a specific area. The information is obtained mainly by evaluation of the relevant literature. A number of sites are selected from the exposures, physiographic features and springs that are potential geotopes, which will be studied in detail in the next step.

A general inventory of a specific area involves the following steps:

- evaluation of the relevant literature, maps, archive data and official records,
- preliminary selection of sites,
- data acquisition for the selected sites, and
- some site inspections.

Even general geological, pedological, hydrogeological, economic-geology and engineering-geology maps allow an initial estimate of the geotope inventory of an area. Although these small-scale basic maps do not allow an exact determination of geotope locations, they at least provide the required information on the geology of an area and on the condition in which the exposures may be expected to be found. For more detailed information, additional sources of information must be referred to, such as

- 1 : 25 000 geological maps (GK 25) with Explanatory Notes with descriptions of exposures,
- geological journals with maps of the regional geology,
- books on the geology of the region,
- publications of the geoscientific institutes of the universities (doctoral dissertations, master's theses, excursion guides),
- publications of regional scientific associations,

- literature on nature conservation and on local history and geography,
- topographic maps 1 : 25,000, 1 : 50,000, 1 : 100,000 showing administrative boundaries,
- orohydrographic maps,
- maps showing the physiographic zones of the area,
- maps, lists of and regulations related to natural monuments, protected physiographic features, nature reserves, national parks, "nature parks", protected areas of outstanding natural beauty, protected archaeological excavation areas, and biosphere reserves, or
- maps and regulations related to drinking water and thermal and mineral springs protection areas.

On the basis of the available information, geotopes are to be selected which provide a general insight into the geological structure and the evolution of the study area. Sites and areas that have already been placed under legal protection for geoscientific reasons may be included in the selection as well as those that have not yet been given legal protection. They should be typical of the region and must be of high geoscientific value (type localities, key profiles) and/or represent so-called "classic" localities or rarities. The selection of typical sites should document the characteristic stratigraphy and morphology of the area. Thus, not only is the spectrum of rocks recorded that are characteristic of the physiographic features of a certain region, but also rarities and exceptional sites are identified.

Sometimes, descriptions of the geology of individual features or selected areas may provide a certain amount of information on a larger region. This is especially true if a modern 1 : 25,000 geological map (GK 25) with Explanatory Notes is available. A GK 25 is sufficiently exact to provide indications of further geotopes in a mapped area. Occasionally, the data obtained for a general inventory allow an initial estimate of the geoscientific value of the geotope.

A list of possible geotopes is made. A description of the site, if available, and any additional information of relevance for the evaluation of the site should also be entered on the "geotope data acquisition form" (Appendix 2). Often, however, the information available at this step is not yet sufficient, so data acquisition cannot yet be regarded as completed. If possible, the site can be inspected at this time for a detailed inventory (see section 5.2).

If several geotopes are genetically and spatially closely related ("geotope group"), they may demonstrate geological processes or relationships particularly clearly. This is often the basis for placing areas where such groups of getopes occur under protection under the Nature Conservation Law. Due to their special importance, rarity, uniqueness or beauty, the geological, geomorphological or pedological qualities of these areas have often already been described in detail. Therefore, this literature may serve as a basis for the general inventory. More detailed geoscientific studies must be carried out for the detailed inventory (2nd step).

Data acquisition must be conducted according to uniform criteria; the minimum requirements are given in Appendix 2.

5.2 Detailed survey

The general inventory of geotopes (step 1) is followed by a detailed inventory (step 2). In the detailed inventory, the known sites are inspected to obtain data that was not available for the general inventory. This data includes primarily information on the condition of the site, its size, possible threats to its preservation, and how the site is presently used. This data is entered on the geotope inventory form (Appendix 2) and photos documenting this information are attached. Moreover, areas which – sometimes for geoscientific purposes – have already been placed under protection in accordance with the Nature Conservation Law (nature reserves, national parks etc.) are to be inspected and the geotopes located there incorporated in the inventory. Additionally, sites that become known during these investigations are to be incorporated in the inventory and described according to the procedure explained in section 5.1, as well as inspected in the field. All information is to be put into uniform form and prepared for further processing.

Even if detailed data on the site has already been compiled within the framework of a general inventory, i.e., by the evaluation of maps, literature and archives material, a detailed inspection in the field is often necessary. This not only involves supplementing and checking the already recorded data, but also special mapping of the site.

When the detailed inventory has been completed, all the data (see Appendices 2 and 3) needed for complete documentation and assessment (see chapter 6) of each selected geotope must have been collected and stored in a geotope database. After the assessment of the geotopes, proposals can be made as to which sites are to be placed under legal protection.

5.3 Area-wide inventory

The steps described above are not sufficient to compile a complete geotope inventory. However, to achieve this objective, after the general (section 5.1) and detailed (section 5.2) inventories, it is necessary to set up an inventory which covers the entire area of a map sheet, for example. This is the only way to obtain complete information on all existing geotopes.

In general, a detailed inventory, which encompasses all geotopes known from the evaluation of the literature or field inspections, is followed by an inventory covering the entire area of a state. If certain conditions are fulfilled, however, it might be conducted as the only step, i.e., without previous general and detailed inventories,. This would, for example, mean that sufficient time is spent on the inspection of the entire study area. Such complete inventories encompassing the identification, detailed mapping (see Table 2) and data acquisition of all geotopes in a certain area, however, always requires intensive field studies in that area.

The amount of work depends on the conditions prevailing in the study area and on the information already available. The inventorying of a cuesta landscape, for example, is generally not as time-consuming as a similar sized mountainous area. Such an inventory of an entire state may also be part of the mapping work for the 1 : 25,000 geological map of the state and requires only a comparatively small additional amount of time.

When this third step has been completed, all geotopes known at the time have been inventoried in the necessary detail. The final comparative assessment of all geotopes of a physiographic region (see chapter 6) is based on this comprehensive knowledge of its geotope inventory. Only if this knowledge and additional basic information about the geotopes in the areas adjoining this physiographic region are available is comprehensive and balanced geotope conservation possible.

Table 2: Symbols for mapping geotopes

1   Exposures

1.1   rocks

1.2   fossil soils

1.3   minerals of special interest

1.4   plant or animal fossils

1.5   stratigraphic and tectonic features

1.6   sediment structures

1.7   represent type localities or contain key profiles

2   Landforms

2.1   fluviatile and gravitational forms, both erosional and depositional

2.2   coastal landforms

2.3   glacial and periglacial landforms, both erosional and depositional

2.4   features resulting from aeolian erosion and deposition

2.5   solution-induced features

2.6   weathering landforms

2.7   lakes and mires

2.8   igneous structures

2.9   impact landforms

legally protected

not legally protected

The nature conservation value of the geotopes can be represent by different symbol sizes

3   Springs and artesian wells

© "Ad-hoc-AG Geotopschutz"
des BLA Bodenforschung 1996

6 Assessment of Geotopes

The geotopes are assessed to determine whether they merit legal protection and what measures are necessary to achieve the goals of geotope conservation. These measures must be subdivided into measures for placing geotopes under legal protection as well as maintenance measures.

A geotope is assessed in two steps (Appendix 3). First, its geoscientific value (section 6.1) is assessed on the basis of geological criteria and rarity. Its need for legal protection (section 6.2) is determined on the basis of how seriously the geotope is threatened and what the legal protection status of comparable geotopes is. On the basis of these two steps, the geotope is assigned to a conservation category. Recommendations are then made as to whether it is necessary to place the site under legal protection in accordance with the Nature Conservation Law or whether all that is needed is to include it in land-use planning documents. Recommendations are also made on maintenance measures.

The individual geotopes are to be assessed with the greatest objectivity possible. This means a suitable basis for comparison of geotopes in different regions must be available. The assessment criteria must be the same for all geotopes.

6.1 Determination of the geoscientific value

To determine the geoscientific value of geotopes, the following criteria are used for their assessment in the field:

6.1.1 General geoscientific significance

The general geoscientific significance is determined by the amount of information provided by a geotope for the various geoscientific disciplines, such as

- soil science (pedology),
- glacial geology,
- hydrogeology,
- engineering geology,
- mineralogy/petrography,
- morphology/physiographic history/paleogeography,
- paleontology,
- economic geology,
- sedimentology,
- stratigraphy,
- structural geology/tectonics, or
- volcanology.

The geoscientific significance increases with the number of geoscientific disciplines for which the geotope is of relevance.

6.1.2 Significance for the regional geology

The significance of the geotope is assessed relative to the region for which it is characteristic. The larger the region for which the geotope is of significance, the higher the category to which the site must be assigned.

6.1.3 Significance for education and research

The informative potential of a geotope for scientific research and for the public is decisive for its value. Its informative value increases depending on whether the geotope is a site for demonstration that is of importance only with respect to local history, geography and traditions, a site for scientific teaching or research (e.g., excursions), or whether it represents a special scientific reference and/or a type locality.

6.1.4 State of preservation

The degree of impairment of a geotope may reduce its informative value considerably. The better an exposure is preserved, the more informative it is.

When the geotopes have been assessed on the basis of the criteria listed in sections 6.1.1 to 6.1.4, geotopes of the same type and similar stratigraphic age and/or mode of formation are assessed according to their number and distribution.

6.1.5 Number of similar geotopes in a geological region

The number of similar geotopes in a geological region is determined. The larger the number of a particular type of geotope, the smaller is the loss of one of them; the less often this type of geotope occurs, the greater is its significance for the region.

6.1.6 Number of geological regions with similar geotopes

The number of the geological regions in which a particular type of geotope occurs in a federal state can be regarded as indicative of how much of the area of a state a geotope is representative. It is decisive whether similar geotopes are concentrated in only **one geological region** and, therefore, are characteristic of this region, or whether such geotopes can be found **throughout the state**, i.e., in several geological regions. The fewer the number of geological regions hosting this type of geotope, the higher the category to which this geotope must be assigned.

Applying the assessment criteria in sections 6.1.1 to 6.1.6, the **geoscientific value** of a geotope is summarized in a comprehensive assessment and assigned to the following categories:

- **of minor value,**
- **significant,**
- **valuable,**
- **of special value.**

The category "of special value" can be assigned only to those geotopes that – with one single exception – were awarded the highest scores with respect to all criteria used for the assessment.

6.2 Determination of the need for protection

To determine the need for protection of a geotope, the extent to which it is **threatened** as well as **the status of protection** of comparable geotopes must be referred to.

6.2.1 Threats to geotopes

To determine the extent to which a geotope is threatened, mostly threats to its continued existence are taken into consideration. Mostly, these threats are caused by man. There may also be non-anthropogenic threats that lead to a degradation of geotopes (disintegration of exposures, etc.) or sometimes even to the loss of parts of geotopes (disintegration of fossils, minerals, etc.). However, such parts of geotopes are mostly to be classified as collector's objects and must therefore be rescued and preserved in time. But in general, the geotope itself is still preserved; its informative value can mostly be restored by maintenance measures, such as clearing of debris and refuse from the site.

The classification is based on the conviction that geotopes of particular value (see section 6.1) that are acutely or seriously threatened should be placed under protection. On the other hand, the placement of sites of minor value which are not or only insignificantly threatened should be avoided.

A geotope is considered "not threatened" if, for example,

- no recovery of mineral resources or construction measures is planned,
- the recovery of mineral resources is completed,
- it is not envisaged to fill or recultivate the excavation site,
- the geotope is located in a nature reserve, national park, or an archaeological excavation protection area; is designated as a natural monument, protected local natural feature, or as a biotope under special protection.

A geotope is considered "insignificantly threatened" if, for example,

- it is located within a mineral occurrence,
- the opencast mine or quarry location is to be reclaimed,
- it is in a nature preserve, "nature park", biosphere reserve or groundwater/drinking water protection area.

A geotope is considered "seriously threatened" if, for example,

- current mining operations may lead to the destruction of the geotope,
- it is located in a mineral resources priority area,
- it is planned to fill or recultivate the site,
- objectives are laid down in regional plans, development plans or programs that may threaten it, or
- damage may be caused by recreation activities.

A geotope is considered "acutely threatened" if, for example,

- current mining operations are threatening to irrecoverably destroy a geotope within a short period of time,

- an abandoned mine or quarry is being filled,
- a statutory procedure has commenced for harmonizing regionally significant projects (exploitation of mineral resources or for construction (buildings, roads, waste disposal sites, waterways etc.)) with the provisions of regional policy, or the application has been approved.

6.2.2 Protection status of comparable geotopes

One geotope is comparable with another geotope if they are of the same type, display the same stratigraphic or genetic relationships or have a similar geoscientific significance (see section 6.1); the last aspect may sometimes be more important than the others.

If there is no comparable geotope or a comparable geotope is not sufficiently protected, this is a major criterion for placing the geotope under consideration under legal protection. It may assigned to a lower category if a comparable geotope is already sufficiently protected.

The **need for protection** is determined on the basis of sections 6.2.1 and 6.2.2 and assigned to one of the following categories:

- **no need for protection,**
- **minor need for protection,**
- **considerable need for protection,**
- **acute need for protection.**

6.3 Overall assessment

On **the basis of the geoscientific value** (section 6.1) and **the need for protection** (section 6.2), each geotope is assigned to one of the following catagories of **nature conservation value**:

- **insignificant,**
- **significant, meriting preservation,**
- **valuable, meriting legal protection.**

This classification scheme is based on the understanding that only those geotopes need to be placed under legal protection that are of particular geological interest (see also section 3.1). Mainly those geotopes classified as particularly valuable or valuable **may be** placed under legal protection, especially if they are acutely or seriously threatened (s. Table 3). The decision is influenced by whether a comparable site is already sufficiently protected.

Within the category "meriting legal protection", which requires that the site be placed under legal protection, two levels of access are foreseen (see chapter 7).

7 Protection and Maintenance of Geotopes

Like other monuments, many geotopes require certain measures for their protection and maintenance (see Appendix 4). This is necessary to guarantee their preservation for an indefinite period of time. These measures are also intended to restore or accentuate the characteric features of a geotope, thus, increasing the informative value of the geotopes of nature conservation value.

Each category (section 6.3) is associated with more extensive measures. **Depending on the nature conservation value of the geotope, the following measures are to be taken:**

insignificant	– no measures to be taken.
significant, (meriting preservation)	– **inclusion in land-use planning documents**.
	– **a ban on access** at certain times and in certain areas is acceptable if the site is placed under legal protection for other reasons than its geoscientific value, e.g., as a biotope.
valuable, (meriting legal protection)	– **the geotope is to be placed under legal protection**, in accordance with the Nature Conservation Law.
level 1:	– **access** for geoscientific purposes **may not be seriously impeded**
	– **a ban on access at certain times** and in certain areas is **acceptable only in special cases**.
	preservation measures must be defined in detail.
level 2:	– geoscientific objectives have **priority over other objectives**.
	– **unrestricted access** for geoscientific purposes
	– protection and maintenance measures must be defined in detail.

If these measures cannot be put into effect for the reasons described in the second paragraph of section 3.3, an alternative solution must be considered. This means that those sites must be studied in detail which were classified as "comparable" when the "need for protection" status was established (see section 6.2.2).

Table 3: Assessment of geotopes and need for action

Geoscientific value (Sec. 6.1.1 - 6.1.6)	Need for protection (Sec. 6.2.1 - 6.2.2)	Nature conservation value (Sec. 6.3)	Need for Action (Chapter 7)
of minor value	no need for protection	insignificant	no measures to be taken
significant	minor need for protection	significant, meriting preservation	inclusion in land-use planning
valuable	considerable need for protection	valuable, meriting legal protection	legal protection in accordance with the Nature Conservation Law (level 1 or 2)
of special value	acute need for protection		

7.1 Legal protection measures

Measures taken for legal protection of a geotope are chiefly those which safeguard its future existence and guarantee that it is safely accessible. They include proposals made by the state Geological Surveys on coordination and implementation of legal or practical measures which must be incorporated in the protective regulations.

Measures designed to protect the future existence of geotopes are primarily procedures related to the Nature Conservation Law. However, private persons or entities can also purchase sites on which they impose certain conditions or obligations, in some cases in the form of sponsorships. Practical measures are, for example, the construction of footpaths with signposts and the erection of information boards explaining the geology, as well as measures that may help to protect both the site and the visitors, e.g., fences, hedges or embankments.

The aim of these measures, which should be incorporated into the standard procedure adopted when a site is placed under legal protection, is to guarantee the future existence of the **geotope** and to protect it for its geoscientific value, in particular because geotopes may develop into secondary **biotopes** after a few years, which also merit legal protection. However, it should be borne in mind that protective measures designed to protect only species and biotopes will not necessarily protect a geotope. Therefore, when planning and implementing statutory geotope protection procedures, it is imperative to rely on the **expertise of the state Geological Surveys** and incorporate their recommendations into the regulations.

7.2 Maintenance measures

Often, geotopes, particularly exposures of unconsolidated rocks and easily weathered solid rocks, rapidly lose their informative value if they are not maintained at regular intervals.

Among the essential maintenance tasks is the regular cutting back or removal of vegetation. Vegetation may not only hide exposures, but also the features of a landscape. Exposures sometimes need to be cleared of refuse and debris and sometimes need to be improved by excavating, possibly to display a certain geological feature to better advantage. These measures should be initiated by the responsible agencies on the basis of the expert reports of the respective Geological Survey.

7.3 Access regulations

Regulations covering the protection of geotopes must incorporate detailed regulations with regard to access, particularly for scientific study, sample collection, drilling, trenching, mapping, and surveying.

The **Geological Surveys**, as the competent geoscientific agencies of the federal states, are responsible for recommending to the nature conservation agencies suitable measures for geotopes in need of preservation and legal protection. The regulations based on the nature conservation laws must stipulate who is allowed access, as well as the legal protection and maintenance measures mentioned above.

8 Legal provisions of the government of the Federal Republic of Germany and of the governments of the individual federal states

The legal provisions for geotope conservation are not uniform in Germany. The Nature Conservation Law and the Natural Monument Law (archaeological sites and fossil localities) are considered the most important legal provisionsto implement geotope conservation. So far, there are no definitive standards for geotope conservation in federal or state legislation in Germany.

The individual states create their own legislation within the limits of the Federal Law on Nature Conservation. These laws contain some provisions compatible with the requirements of geotope conservation. All Nature Conservation Laws provide for the legal protection of geological exposures which may be fossiliferous, as well as for the legal protection of other geological features, such as landforms and springs, as natural monuments (see Fig. 1). In addition, fossils and fossil localities are included under natural monuments in the legislation of Baden-Württemberg, Brandenburg, Hesse, North Rhine-Westphalia, Rhineland-Palatinate, and Thuringia.

Very few of the federal states have regulations on the implementation of geotope conservation, i.e., protection and maintenance measures are not specified, nor is any provision made for regulating access to sites for scientific research work.

There is a further possibility of meeting the requirements of geotope protection and that is within the framework of regional land-use planning. In many of the federal states, various procedures are obligatory, including official announcements, administrative regulations, decrees etc., that require that due regard is paid to geotope conservation, for example, in regional planning procedures and the development of regional plans.

Figure 1: Legal provisions for geotope conservation of the federal states of Germany (Status 1995)

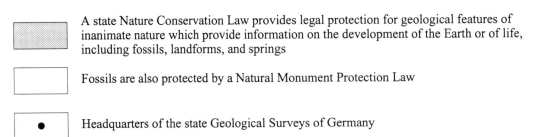

A state Nature Conservation Law provides legal protection for geological features of inanimate nature which provide information on the development of the Earth or of life, including fossils, landforms, and springs

Fossils are also protected by a Natural Monument Protection Law

• Headquarters of the state Geological Surveys of Germany

9 Summary

These Guidelines on Geotope Conservation in Germany have been produced by the Ad-hoc Geotope Conservation Working Group of the state and federal Geological Surveys of Germany. The guidelines define the terms "geotope", "geotope of nature conservation value" and "geotope conservation", as well as establish the objectives, the need for action, and the responsibilities of the **Geological Surveys** of the federal states with respect to geotope conservation. The guidelines provide a basis for classifying the different types of geotopes and give the procedures and methods for inventorying and assessing them, and sets out the measures that can be taken to protect and maintain geotopes.

A glossary of selected geoscientific terms (appendix 1) is included for the nature conservation agencies concerned and for the interested public, as well as examples of forms for the Geological Surveys for inventorying and assessing geotopes and for stating what measures are required to protect and maintain them.

10　Literature

HAASE, G. (1980): Zur inhaltlichen Konzeption einer Naturraumtypenkarte der DDR im mittleren Maßstab. – Petermanns Geographische Mitteilungen, 124(2): 139 – 151.

GRUBE, A. & WIEDENBEIN, F.W. (1992): Geotopschutz - eine wichtige Aufgabe der Geowissenschaften. – Die Geowissenschaften, 10(8): 215 – 219.

additional:

WIEDENBEIN, F.W. (1993): Geotope mit Bedeutung für die Bundesrepublik Deutschland. Abschlußbericht: Grundlagen des Geotopschutzes. BMU-Proj. N I 1–72060, S. 1-156, [unveröff.]

Appendix 1

		Definitions of Selected Geoscientific Terms (ST = Specific Terms)		Erläuterungen ausgewählter geowissenschaftlicher Begriffe
1	Exposures	Areas of bedrock or superficial deposits visible. Exposures may be produced naturally or artificially. Also called outcrops.	Aufschlüsse	Natürliche und künstlich entstandene Freilegungen von Gesteinen und Böden.
1.1	Rocks	Natural materials made of minerals, fragments of minerals or rocks, or remains of organisms; depending on mode of formation, rocks are subdivided into igneous, sedimentary and metamorphic rocks.	Gesteine	Natürliche Bildungen, aus Mineralien, Bruchstücken von Mineralien oder Gesteinen oder Organismusresten aufgebaut; je nach der Entstehung unterscheidet man magmatische, sedimentäre und metamorphe Gesteine.
1.2	Soils	The material lying on the Earth's surface that supports plant growth; it is an inhomogeneous mixture of mineral and organic constituents of different sizes and composition, contains water and air, and is subdivided into soil horizons differing in physical properties and/or composition.	Böden	Belebte lockere, überwiegend klimabedingte oberste Verwitterungsschicht der Erdrinde, die aus einem inhomogenen Stoffgemisch fester mineralischer und organischer Teilchen verschiedener Größe und Zusammensetzung sowie aus Wasser und Luft besteht und einen wechselnden Aufbau zeigt.
1.3	Minerals	Natural constituents of rocks that can be identified on the basis of their characteristic physical and chemical properties.	Mineralien	Bezüglich ihrer physikalischen und chemischen Beschaffenheit stofflich einheitliche natürliche Bestandteile der Gesteine.
1.4	Fossils	Remains of plants or animals, or imprints or traces left by them.	Fossilien	Versteinerungen von Pflanzen oder Tieren oder von deren Lebensspuren.
	trace fossils	Tracks, burrows, or marks produced by the activity of an animal, such as moving, feeding, boring, burrowing or resting	Lebensspuren	Zeugen der Fortbewegungs-, Wohn-, Freß- und Ausscheidungstätigkeit oder der Ruhestellung eines fossilen Lebewesens
1.5	Structures	Structural features in rocks that provide evidence of the main type and direction of deformation, mode of formation, or geological history.	Lagerungsverhältnisse/ Tektonik	In Gesteinen aufgeschlossene Strukturen, die wesentliche Einblicke in die Bewegungsabläufe und/oder Umformungsprozesse bei der Entwicklung der Erdkruste geben.
	anticline	A fold whose core contains stratigraphically older rocks than the limbs, which are generally curved downwards.	Sattel	Teil einer Falte mit nach unten divergierenden Schenkeln.

contact aureole	Zone of thermal metamorphic rocks adjoining an igneous intrusion.	**Kontakthof**	Kontaktmetamorph veränderte Gesteine im Umfeld magmatischer Intrusionen.
discordance	Nonparallelism of adjacent rock masses at their contact.	**Diskordanz**	Grenzfläche, an der Gesteine winkelig aneinandergrenzen.
erosional unconformity	A surface separating older rocks that have been subjected to erosion from younger rocks subsequently deposited on them.	**Erosionsdiskordanz**	Diskordanz mit einer durch Erosion erzeugten Schichtlücke.
fault	Fracture in a rock along which displacement has occurred.	**Störung**	Trennfuge im Gestein, an der eine Verstellung der beiden angrenzenden Schollen stattgefunden hat (Ab-, Auf- und Überschiebung sowie Horizontal- und Diagonalverschiebungen).
flexural fold	Fold formed by bending of strata accompanied by bedding-plane slip and possibly some flow within individual beds.	**Biegefalte, Knickfalte**	Wellenartig verbogene Gesteinsschicht aufgrund von Einengungskräften.
flexural-shear fold	Transitional type of fold between flexural fold and shear fold.	**Biegescherfalte**	Übergangsstruktur zwischen Biege- und Scherfalte.
flow fold	A fold in relatively plastic rocks, e.g., in igneous rocks, rock salt or partially consolidated sediments; in some cases known as rheomorphic fold.	**Fließfalte**	Unregelmäßige Strukturen in magmatischen Gesteinen, Salzgesteinen oder teilverfestigten Sedimenten.
fold	Bend or flexure of an originally planar rock structure, typically bedding.	**Falte**	Stark gekrümmte verbogene Gesteinsschicht.
fracture	Visible break or rupture in a rock.	**Bruch**	Sichtbare Trennfläche im Gestein.
fracture, fissure, joint	Closed (joint) or open (fissure) crack in rocks.	**Kluft, Spalte**	Feine, nicht geöffnete (Kluft) oder geöffnete (Spalte) Gesteinsfuge ohne sichtbaren Versatz.
monocline	Local steepening of gently dipping strata caused by relative movement of adjacent blocks in opposite directions with minimal fracturing.	**Flexur**	S–förmige Schichtenverbiegung aufgrund gegenläufiger Relativbewegung zweier Schichten ohne Bildung größerer Bruchfugen.
resistant dyke	A wall-like feature produced when a dyke or thick vein is considerably more resistant to weathering than the country rock.	**Gangbildung**	Mauerartige Gesteinsform, die aufgrund der höheren Verwitterungsbeständigkeit gegenüber dem Umgebungsgestein herausmodelliert ist.
schistosity, slaty cleavage	The property of a rock that allows it to be split along secondary, closely spaced, parallel planes. This property is often due to parallel arrangement of platy or elongated minerals produced by deformation or metamorphism.	**Schieferung**	Parallel gerichtetes, engständiges Flächengefüge in Gesteinen durch tektonische Beanspruchung oder metamorphe Überprägung entstanden.

	shear fold	Fold formed by shearing on closely spaced planes perpendicular to the axial surface (found especially in pelites).	Scherfalte	Wellenartig verbogene Gesteinsschichten durch Zerscherung an engen, senkrecht zur Einengung liegenden Flächenscharen (v.a. in Peliten).
	slickenside	Polished surface produced by movement of rocks along fault planes, frequently with scratches or grooves (striations) parallel to the direction of movement of the rock.	Harnisch	Durch Bewegung von Gesteinskörpern an Verwerfungsflächen erzeugte Fläche; oft in Bewegungsrichtung infolge Schrammung mit Rutschstreifen versehen oder blank poliert.
	syncline	A fold whose core contains stratigraphically younger rocks than the limbs, which are generally curved upwards.	Mulde	Teil einer Falte mit nach oben divergierenden Schenkeln.
	tectonic discordance	Nonparallelism of adjacent strata caused by thrusting or sliding.	Dislokationsdiskordanz	Diskordanz mit einer durch tektonisch bedingte Abscherung hervorgerufenen Schichtlücke.
	thrust (thrust fault)	Fault with dip of less than 45° on which the hanging wall has been been moved upwards relative to the footwall.	Überschiebung	Tektonisch bedingte Auflagerung von einer älteren auf einer jüngeren Schichtfolge.
1.6	**Sedimentary structures**	Characteristics of bedding and structures in rocks that reveal transport and sedimentary processes, biological activity, as well as chemical processes and paleoclimate.	**Sedimentstrukturen**	Schichtungsmerkmale und interne Strukturen von Gesteinen oder Schichtfolgen, die Rückschlüsse auf Transport- und Ablagerungsprozesse, biologische Aktivitäten sowie chemische und klimatische Prozesse gestatten.
	banding	The alternation of beds of different composition giving a different color or texture.	Bänderschichtung	Wechsel von verschieden zusammengesetzten Schichten bzw. Lagen in einem Gestein.
	cross-stratification, cross-bedding	Strata deposited at an angle to the main stratification; formed by flowing water or the wind by the deposition of sediment on the lee side of obstacles.	Schräg-, Diagonal- und Kreuzschichtung	Nicht horizontale Schichtung, die im Bereich von Deltabildungen und fließenden Gewässern oder in bewegter Luft an der Leeseite von Hindernissen in den sich ablagernden Sedimentmassen ausgebildet wird.
	graded bedding	A sediment sequence in which each bed exhibits a progressive change in particle size, usually from coarse at the bottom to fine at the top.	Gradierte Schichtung	Schichtung einer Ablagerungseinheit, bei der die Korngröße zum Hangenden hin abnimmt.
	gypsum plication	Small-scale folds in sulphate rock resulting from an increase in volume when anhydrite is converted into gypsum.	Gipsfältelung	Zusammenstauchung und Faltung von Sulfatgestein infolge Volumenvergrößerung durch Umwandlung von Anhydrit zu Gips.

	mottled structure	Traces in sediments or sedimentary rocks which document the activities of organisms (feeding and living burrows, tracks etc.).	Wühlgefüge	Spuren in Sedimenten und Sedimentgesteinen, die die Organismentätigkeit im Boden dokumentieren (Freßgänge, Wohnbauten, Kriechspuren etc.).
	ripple marks	Wave-like structures on the surface of sediment with crests and troughs running nearly parallel (oscillation ripple marks, current ripple marks).	Rippelmarken	Wellenartige Strukturen auf einer Sedimentoberfläche mit annähernd parallel verlaufenden Erhebungen und Vertiefungen (Oszillationsrippeln, Fließrippeln).
	sole marks	Structures on the underside of sediment beds preserving the surface shape of the layer underneath.	Sohlmarken	Wulste an den Unterseiten von Gesteinsschichten, die Eindrücke in die unterlagernde Schichtoberfläche nachzeichnen.
	subaqueous slump	Layers formed by submarine sliding of a mass of soft sediments.	Subaquatische Rutschung/ Gleitung	Aufgestauchte, gefältelte oder verwirbelte Schichten, die durch untermeerisches Hangabwärtsgleiten gering verfestigter, wasserdurchtränkter Sedimente entstanden sind.
1.7	**Type Locality/ Type Section**	Unique documents of geological time, deposition and formation processes which provide a fundamental insight to the Earth's history and evolution of life.	**Typlokalität/ Richtprofil**	Belege für einen geologischen Zeitabschnitt, Ablagerungs- oder Bildungsvorgang, die für die Erforschung der Erdgeschichte und für die Entwicklung des Lebens grundsätzliche Erkenntnisse liefern.
	type locality	Place where a geologic feature was first recognized and described or a place containing a type section.	Typlokalität	Aufschluß, dessen stratigraphischer, petrographischer oder paläontologischer Inhalt als Definitionsgrundlage dient.
	type section	The originally described stratigraphic sequence used for definition of a stratigraphic unit or stratigraphic boundary.	Richtprofil	Profil durch eine Gesteinsabfolge, die zur Definition und Korrelation stratigraphischer Grenzen dient.
2	**Landforms**	Natural landforms and surface features.	**Formen**	Landschaftsformen und Bildungen an der Erdoberfläche, die durch natürliche Vorgänge entstanden und/oder verändert worden sind.
2.1	**Fluviatile and gravitational forms, both erosional and depositional**	Landforms created by the influence of flowing water or gravity.	**Fluviatile und gravitative Abtragungs- und Ablagerungsformen**	Formen, die im festländischen Bereich unter Einwirkung von fließendem Wasser, Verwitterung oder Schwerkraft entstanden sind.
	asymmetric valley	Valley whose sides have different slopes.	Asymmetrisches Tal	Tal mit ungleich geneigten Flanken.
	block field	Accumulation of blocks, usually of massive rocks	Blockmeer, -halde	Anhäufung von Felsblöcken meist massiger Gesteine

block stream	Elongated block field resulting from solifluction.	**Blockstrom**	Durch Solifluktion umgelagertes, langgestrecktes Blockmeer.
cuesta	A step in a land surface containing benches formed by differential weathering of rocks composed of alternating hard and soft material, gently dipping in one direction.	**Schichtstufe**	Durch unterschiedliche Verwitterungsresistenz herausgebildete Geländestufe in einer Schichtenfolge.
dell	Wide, shallow depression up-valley from the source of a stream.	**Delle**	Breite, seichte Senke im Quellgebiet von Erosionstälern (Tal-Ursprungsmulde).
delta, alluvial fan	Triangular, fan-like deposit of sediment at the mouth of a river on a lake or an ocean.	**Flußdelta, Schwemmfächer**	Dreieckige, fächerförmige Ablagerungsform der Sedimentfracht eines Flusses beim Einmünden in einen See oder Ozean.
dome	Rounded mountain top.	**Kuppe**	Rundlicher Berggipfel.
dry valley	A valley containing no running water.	**Trockental**	Trockengefallenes, ehemaliges Flußtal.
earth pyramid, earth pillar	A tall, conical or pyramidal column of earthy material, usually capped by a flat, hard boulder; formed by rainwash eroding the softer material.	**Erdpyramide, Erdpfeiler**	Meist von Dachgestein gekrönte, pfeiler-, spitzkegel- oder pyramidenförmige Bildung im Lockergestein; durch senkrecht fallenden Regen aus leicht ausspülbaren Gesteinen herausmodelliert.
erosion relict	Solitary rock rising from the bedrock left standing after erosion of the surrounding rock.	**Felsfreistellung**	Einzelfelsen, durch allseitige Abtragung herauspräpariert.
escarpment	A steep slope at the edge of a relatively level platform.	**Steilstufe**	Geländestufe, die im Bereich von Gesteinen unterschiedlicher Verwitterungsresistenz herauspräpariert wurde.
flood plain	Valley floor bordering a stream or river.	**Aue**	Talbodenfläche eines Baches oder Flusses.
flood plain valley	Valley with flat meadowlands created by the deposition of sediment during floods.	**Sohlental**	Tal mit einer durch Aufschüttung entstandenen, flachen Talaue.
gorge, ravine	Deep narrow valley created by erosion through layers of hard rock.	**Klamm**	Enge, tiefe Erosionsrinne in festen Gesteinspartien.
landslide, rockfall	Inhomogeneous mass of rock debris and soil resulting from mass movement.	**Bergsturz-, Bergrutschmassen**	Unsortierte Trümmermassen, z.T. mit Gesteinsmehl und mehr oder weniger zerrütteten Gesteinspaketen.
meander	One of a series of sinuous curves, bends, turns, loops, or windings of a river.	**Mäander**	Bogenförmig verlaufender Flußabschnitt, häufig mit ausgeprägtem Gleit- und Prallhang.

meander core, cutoff spur **monadnock**	Solitary mountain resulting from erosion of its surroundings or a hill encircled or nearly encircled by a stream meander.	**Inselberg, Umlaufberg** **Härtling**	Inselförmige Erhebung innerhalb einer abgeschnittenen Mäanderschlinge, Einzelberg, der aufgrund seiner Verwitterungsresistenz über seine Umgebung herausragt.
mud flow	Unsorted and unconsolidated mass of gravel, boulders and blocks with a high proportion of fine-grained particles which when watersoaked suddenly flows downslope towards the valley where it forms an alluvial cone.	**Mure**	Ungeschichtetes Lockergesteinsmaterial aus Kies, Steinen und Blöcken mit reichlichem Feinanteil, das nach übermäßiger Wasserdurchtränkung plötzlich im Bereich von Hangfurchen zu Tal geht und auf mehr oder weniger ebenem Untergrund als Murkegel (Schwemmkegel) zum Stillstand kommt.
natural levee	An embankment built by a river on its floodplain along both banks.	**Uferwall**	Länglicher, über Auenniveau parallel zu Flüssen liegender flacher Sedimentrücken.
oxbow	An abandoned meander cut off from the course of the river.	**Altwasser**	Abgeschnürter Teil eines mäandrierenden Flusses.
pediment	Rock-floored erosion surface at the base of a mountain front, typically developed by denudation in arid and semiarid regions.	**Pediment**	Durch verschiedenartige Abtragungskräfte (Denudation) hervorgerufene terrassenförmige Felsfußfläche in ariden bis semiariden Gebirgsregionen.
peneplain	A more or less featureless, undulating landsurface of considerable area produced by a long period of subareal erosion over a long period of tectonic inactivity.	**Rumpffläche**	Durch Verwitterung und Abtragung in Zeiten tektonischer Ruhe bis zur Abschwächung jeglichen Landschaftsreliefs entwickelte, mehr oder weniger ausdruckslose wellige Ebene.
slip-off slope	Gentle slope on the inner side of a stream meander.	**Gleithang**	Sanft geneigtes Ufer in den Innenseiten von Flußschlingen.
synclinal valley	Valley developed along the axis of a syncline.	**Muldental**	Tal mit allmählich in eine breite Sohle übergehenden flachen Flanken.
talus	Rock fragments of all sizes accumulated at the base of a cliff or steep, rocky slope by falling, rolling, or sliding (more than 50 % gravel, stones and boulders).	**Hangschutt**	Verwittertes Festgestein, durch Bodenkriechen und -fließen oder an Steilhängen auch durch Steinschlag umgelagert (mehr als 50 % Kies, Steine und Blöcke).
talus cone	Steep, cone-shaped mass of unsorted rock debris that has accumulated at the foot of a steep cliff or mountain slope.	**Schuttkegel**	Steile, kegelförmige Ansammlung unverfestigter Gesteinsbrocken am Fuße steiler Felspartien und Berghänge.
terrace	Abandoned erosion surface with a steep outer edge formed by flowing water, or deposit of alluvium with a level surface.	**Terrasse**	Durch fließendes Wasser in einer bestimmten Höhenlage entstandene ebene Fläche (Erosionsterrasse) oder ein Schotterkörper mit ebener Oberfläche (Akkumulationsterrasse).

	transverse valley	A river valley that cuts across a mountain range or other morphologic form (e.g. end moraine).	Durchbruchstal	Tal eines Fließgewässers, das ein seine Fließrichtung querendes Gebirge oder eine andere morphologische Vollform (z.B. Endmoräne) durchbricht.
	undercut river bank	Steep slope on the outer side of a river meander.	Prallhang	Steil abfallendes Ufer in den Außenseiten von Flußschlingen.
	V-shaped valley	Valley with a V-like cross-section.	Kerbtal	Tal mit V–förmigem Querschnitt.
	waterfall	The perpendicular free fall of the water of a river or stream over the edge of a cliff or overhanging rock.	Wasserfall	Über eine Geländekante in freiem Fall herabstürzende Wassermassen.
2.2	Coastal landforms	Natural landforms and features characteristic of coastal areas.	Küstennahe Abtragungs- und Ablagerungsformen	Landschaftstypische natürliche Bildungen der Küstenlandschaften.
	allivial fan, allivial cone	A fan-shaped mass of sand and gravel deposited by a stream where it leaves a narrow valley and enters the main valley or plain.	Schwemmfächer, -kegel	Kleines Delta an der Mündung eines ehemaligen oder eines zeitweise trockenliegenden Fließgewässers.
	beach ridge	Elongated mound of coarse sand built parallel to the coast above the limit of storm waves.	Strandwall	Grobkörnige, langgestreckte, küstenparallele Aufschüttung kurzfristiger Hochwässer oberhalb des Mittelwassers.
	brack (ST)	Deep funnel-shaped crater scoured out behind a river dike when it bursts.	Brack	Kolkartige, durch Deichbruch entstandene tiefe Hohlform hinter einem Flußdeich.
	coastal dune	Fine to medium aeolian sand behind the beach as mound, ridge, or dune massif; a dune may form on the top of a cliff and migrate inland.	Küstendüne	Vom Wind umgelagerte, hinter dem Strand sedimentierte Fein- bis Mittelsande; Vorkommen in Kuppen, Längsdünen und Dünenmassiven, auch als Kliffranddünen auf aktiven Steilküsten.
	delta	Triangular, fan-like deposit of sediment at the mouth of a river on a lake or an ocean.	Delta	Dreiecksförmige Aufschüttung an der Mündung eines fließenden Gewässers in ein breites, stehendes Gewässer, deren Oberfläche zum stehenden Gewässer hin flach abfällt.
	donn (ST)	Relatively old beach ridge behind a dyke and surrounded by former coastal marshland.	Donn	Älterer, eingedeichter, von Marschland umgebener Strandwall.
	heller, groden (ST)	Sporadically flooded strip of mudflat above the average high water mark in front of the outermost dyke.	Heller, Groden	Sporadisch überfluteter Wattstreifen vor dem Außendeich oberhalb des mittleren Tiedehochwassers.

	höftland (ST)	Triangular accretion of sand abutting on a wider and older projection of the land into the sea, with beach ridges on the other two sides, often with incipient mire formation within the triangle.	**Höftland**	Dreieckiges Anlandungsgebiet, das an einer breiten, älteren Form ansetzt und an den beiden anderen Seiten durch Strandwälle aufgeschüttet wird; häufig mit Vermoorung innerhalb des Dreieckes.	
	hook	Narrow barrier formed by shifting sands which extends into a bay and forms a hook-shaped curve (spit) pointing inland.	**Haken**	Durch Strandversatz entstandene schmale Aufschüttung, die an älteren Formen ansetzend frei in ein Gewässer hakenartig hineinwächst.	
	nehrung	Sand-spit enclosing or parially enclosing a lagoon (haff) with hooked-shaped ends.	**Nehrung**	Schwelle vor einem Haff durch zwei sich vereinigende, aufeinanderzuwachsende Haken.	
	sea cliff	A cliff or slope formed by wave erosion.	**Kliff**	Steilufer, das durch Unterspülung am Hangfuß und dadurch ausgelöste gravitative Abtragungsvorgänge im Küstenbereich entstanden ist.	
	sea stack	Isolated rock pillar near a rocky coast formed by wave action and weathering.	**Klippe**	Teil eines Steilufers, der sich aufgrund der Gesteinsstruktur und unterschiedlicher Resistenz in Einzelformen aufgelöst hat.	
	shoal	Submerged ridge parallel to the coast of rocks or of gravel and sand.	**Riff**	Küstenparallele Schwelle (Untiefe) aus Fels (Felsriff) oder Kies/Sand (Kies–Sandriff) in der offenen See.	
	tidal creek	River-like branched network of channels in tidal flats.	**Priel**	Erosionsrinne im Tidenbereich des Wattes mit starker Sedimentumlagerung.	
	wehle (ST)	Deep funnel-shaped crater behind a dyke resulting from a burst in the dyke.	**Wehle**	Kolkartige, durch Deichbruch entstandene, tiefe Hohlform hinter einem Deich.	
2.3	**Glacial and periglacial landforms, both erosional and depositional**	Landforms created by an ice sheet, local glaciation, periglacial permafrost or meltwater.	**Glaziale und periglaziale Abtragungs- und Ablagerungsformen**	Formen, die im festländischen Bereich unter Einwirkung von Inlandvergletscherung, lokaler Vereisung, periglazialer Bodengefrornis oder Schmelzwasser entstanden sind.	
	boulder belt	An end moraine consisting mainly of glacial boulders.	**Blockpackung**	Endmoräne, die überwiegend aus erratischen Blöcken besteht.	
	cirque	Semicircular, recessed hollow high on the side of a mountain slope; it has steep sides, a flat floor and frequently a threshold of debris or solid rock facing the valley.	**Kar**	Halbkreisförmige, nischenartige Hohlform am Fuß hoher Gebirgshänge mit steilen Rück- und Seitenwänden, einem flachen Karboden und häufig einer aus Schuttmaterial oder festem Fels aufgebauten Karschwelle zur Talseite hin.	

cryoturbation, congeliturbation	The disturbing of soil or other unconsolidated material due to frost action in permafrost regions.	**Brodelboden**	Über Dauerfrostboden in aufgetauten Bereichen durch Auflastdruck von wiedergefrierendem Eis strukturierter Boden mit nach oben gepreßten Partien.
drumlin	Oval hill of glacial till elongated in the flow direction of the former ice sheet.	**Drumlin**	Mit Geschiebemergel überdeckter, stromlinienförmiger Hügel aus Schotter und Gesteinsschutt (in Richtung der ehemaligen Eisbewegung elliptisch gestreckt).
end moraine	Debris piled up at the end of an advancing glacier or ice sheet (push moraine or terminal moraine).	**Endmoräne**	An der Stirn eines vorrückenden Gletschers oder Inlandeises aufgeschobene, wallartige oder beim Abtauen des Eises ausgeschmolzene Schuttmassen (Stauchendmoräne bzw. Satzendmoräne).
erratic block	A boulder transported from its place of origin by a glacier or ice sheet.	**Findling**	Vom Gletscher/Inlandeis transportierter, ortsfremder Gesteinsblock.
esker	A narrow, often branched ridge of stratified sand and gravel originally deposited by subglacial and intraglacial meltwater in caves and larger crevasses of a stagnant or retreating glacier.	**Os**	Bahndammartig schmaler, oft verzweigter Rücken aus geschichteten Sanden und Kiesen, der durch Schmelzwässer in Höhlen und größeren Spalten sub- und intraglazial abgelagert worden ist.
fossil ice wedge	Wedge-shaped crack in unconsolidated rock formed by ground ice and filled with sediment.	**Eiskeil** (fossil)	Durch Bodenfrost entstandene, keilförmige Spalte im Lockergestein, die mit Sedimentmaterial gefüllt ist.
glacial polish	A smooth bedrock surface polished by glacial action.	**Gletscherschliff**	Glatt geschliffene Gesteinsoberfläche aufgrund von Gletscherbewegungen.
glacial striation	Lines engraved on a bedrock surface by the rock fragments transported by ice or on surfaces of the rock fragments themselves.	**Gletscherschramme**	Durch im Eis mitgeführte Geschiebe entstandene Ritzungsmarken im Festgestein des Gletscherbettes oder auf Oberflächen anderer Geschiebe.
giant's kettle, glacial pothole	A hollow form, frequently cylindrical in shape, scoured in bedrock by swirling meltwater and the rock debris it transports.	**Gletschermühle, Gletschertopf**	Von in Gletscherspalten herabstürzendem, mit Geröllen beladenem Schmelzwasser ausgekolkte, oft zylindrische Hohlform in Festgesteinen.
hummocky ground	An area of round to oval-shaped knolls created by periglacial permafrost.	**Buckelwiesen**	Durch periglazialen Bodenfrost entstandenes Areal mit runden bis ovalen Bodenaufwölbungen.
kame	Mound or cone of stratified meltwater sand formed on dead ice in lakes or (on valley glaciers) at the edge of the ice, often deposited as a fan or delta.	**Kames**	In Seen auf dem Toteis oder (bei Talgletschern) zwischen Eisrand und Untergrund flächenhaft aufgeschüttete, oft terrassenartig gestaffelte Schmelzwassersande von kuppen- oder kegelförmiger Gestalt.

kettle	A depression within a moraine without surface drainage formed when a block of dead ice in a moraine melts.	**Toteisloch** (Soll)	Durch Nachsacken von eiszeitlichen Ablagerungen über abgeschmolzenem Toteis entstandene geschlossene Bodensenke im Moränenbereich.
meltwater channel	Valley formed by glaciofluvial erosion, the floor of which is covered with sediments deposited by meltwater.	**Schmelzwassertal**	Durch glazifluviatile Erosion angelegtes Tal, dessen Sohle mit Schmelzwasserablagerungen ausgefüllt ist.
outwash plain	Broad, level sheet of sand and gravel deposited by meltwater streams in front of a glacier, gently sloping away from the ice.	**Sander**	Ausgedehnte, ebene Sand- oder Schotterfläche mit meist flach zum Vorland geneigter Oberfläche, die vor der Gletscherfront durch Schmelzwässer gebildet wurde.
patterned ground	Soil with well-defined patterns produced by separation of the rocky and earthy particles. Sorting due to freeze-thaw processes during permafrost conditions.	**Frostmusterboden** (Strukturboden)	Boden, der durch Separation der steinigen und erdigen Bodenbestandteile bestimmte Strukturformen angenommen hat. Die Sortierung ist durch periodische Gefrier- und Abtauvorgänge im Boden bedingt.
pingo	In periglacial regions a ground-ice mound formed by collapse of the ground (occasionally filled with water) above a spring when melting.	**Pingo**	Im periglazialen Klimabereich durch Nachsacken des Bodens über abgeschmolzenem Quelleis entstandene geschlossene Bodensenke mit Randwall.
polygonal ground	Ground in periglacial regions marked by numerous ice-wedges and polygonal patterns (fossil network of ice wedges).	**Polygonboden**	Von zahlreichen Spaltenfüllungen durchsetzter Boden mit polygonartigen Strukturen (fossile Eiskeilnetze) in periglazialer Klimaregion.
roche moutonnée	Small hill of bedrock rounded by glacial abrasion, elongated in the direction of ice flow.	**Rundhöcker**	Durch Gletscherschurf zugerundete Felsrücken.
rummel (ST)	A valley formed in the thaw zone above permafrost under periglacial conditions.	**Rummel**	Unter periglazialen Bedingungen über Dauerfrostboden entstandenes Tal.
till	Rock material dragged along and deposited at the base of a glacier or ice sheet.	**Grundmoräne**	An der Basis eines Gletschers mitgeführte und abgelagerte Moräne.
tunnel valley	A shallow trench formed in glacial drift by subglacial meltwater.	**Tunneltal**	Unter oder in einem Inlandeis entstandenes Schmelzwassertal mit unregelmäßigem, oft gegenläufigem Gefälle.
trumpet valley	A narrow valley that opens out into a broad funnel, like the bell of a trumpet, on reaching the piedmont.	**Trompetental**	Talabwärts trompetenartig ausgeweitetes Tal.
urstromtal	A large-scale meltwater channel.	**Urstromtal**	Großes Schmelzwassertal.

		U-shaped valley	Valley with a U-shaped cross-section, created by glacial erosion of a V-shaped valley.	**Trogtal**	Durch Exarationswirkung eines Gletschers aus einem fluviatilen Kerbtal entstandene Talform mit U–förmigem Querschnitt.
2.4	**Features resulting from eolian erosion and deposition**		Forms produced by wind action.	**Windbedingte Abtragungs- und Ablagerungsformen**	Formen, die unter der Einwirkung des Windes entstanden sind.
		deflation basin (wind-scoured basin)	Shallow depression in sand excavated by wind action.	**Windausblasungsmulde** (Schlatt, Deflationswanne)	Flache Senke, die durch Auswehung von Sand entstanden ist.
		desert pavement	Wind-polished rock fragments remaining on a desert surface after the wind has removed the finer particles.	**Steinsohle**	Anreicherung von Steinen auf einer alten Landoberfläche.
		mushroom rock	An isolated table-like rock formed by differential weathering with a thin "stem" of eroded soft rock and a wide cap of more resistant rock.	**Pilzfelsen**	Durch unterschiedliche Verwitterungsresistenz hervorgerufener, freistehend aufragender Einzelfelsen mit schmalem Hals aus leichter erodierbarem Gestein und breiter Krone aus hartem Gestein.
		sand dune	Body of fine to medium eolian sand with a well-defined shape (sand dome, barchan dune, longitudinal dune).	**Düne, Dünenlandschaft**	Vollformen, die durch äolisch umgelagerten Fein- bis Mittelsand entstanden sind, häufig mit ausgeprägter Reliefbildung (Kuppen-, Sichel-, Strichdünen).
		sand sheet	Relatively thin (2 m) layer of fine to medium sand transported and deposited by the wind with a weak relief and usually bedded.	**Flugsanddecke**	Aus äolisch umgelagertem Fein- bis Mittelsand entstandene, geringmächtige Decke (bis 2 m) mit schwacher Reliefausprägung.
		windkanter	A stone with one or several faces (facets) polished by the wind.	**Windkanter**	Stein mit einer oder mehreren windgeschliffenen Flächen (Facetten).
2.5	**Solution-induced features**		Karst and subsurface erosion features in soluble rocks.	**Lösungsbedingte Abtragungs- und Ablagerungsformen**	Karsterscheinungen und Subrosionsformen in löslichen Gesteinen.
		calcareous sinter, tufa	Cellular, porous, sedimentary rock, usually of carbonate, formed by precipitation at the mouth of a spring.	**Sinterbildung**	Meist zellig–poröses, vorwiegend karbonatisches Locker- oder Festgestein an Grundwasseraustritten.
		doline, solution	A doline is formed in a karst area and has subterranean drainage; it is meters to tens of meters across.	**Doline**	Durch Einsturz unterirdischer Lösungshohlräume in Karbonatgesteinen entstandene, schlot-, trichter- oder schüsselförmige Vertiefung einer Karstoberfläche mit einem Durchmesser bis > 1 km und Tiefen bis ca. 300 m.

	sinkhole	The most common type of sinkhole, which grows when closely spaced fissures underneath it enlarge and coalesce.	Erdfall	Durch unterirdische Auslaugung von Salz oder Gips an der Erdoberfläche entstandener Einsturztrichter von wenigen Metern Durchmesser und unterschiedlicher Tiefe.
	estavelle	A cave in karst poljes with a spring in some periods and a sinking stream in others.	Estavelle	Wasserspeiloch in Karst–Poljen, in dem zeitweilig auch Wasser versickert.
	Geologische Orgel (ST)	Serie of pipes (see under pipe).	Geologische Orgel	Serie von Schlotten (s.dort).
	karren	Grooves and round-bottomed depressions (as much as a meter wide) on the surface of soluble rocks.	Karren, Schratten	Rinnen- und napfartige Vertiefungen (bis Meterbereich) auf Oberflächen löslicher Gesteine.
	karst cave	A natural, subterranean cave in carbonate or sulphate rocks produced by leaching.	Karsthöhle	Natürlicher, unterirdischer Hohlraum in Karbonat- oder Sulfatgesteinen, der durch Lösung und Auslaugung entstanden ist.
	karst fissure	A steep-sided cavity in carbonate and sulphate rocks produced by leaching.	Karstspalte	Steilwandige Hohlform in Karbonat- oder Sulfatgesteinen, durch Auslaugung entstanden.
	karst valley, uvala	A large, closed depression caused by the coalescence of several sinkholes, several hundred meters to a few kilometers across with irregular margins and floor.	Uvala	Große, seichte Doline mit ovalem Umriß, einem Tiefen-/Breitenverhältnis von ca. 1:10 und einer breiten, unebenen Sohle.
	pipe	Funnel- or shaft-shaped conduit produced by leaching and solution in karst rocks.	Schlotte	Durch Auslaugung und Lösungserweiterung entstandene, steilstehende schacht- oder trichterartige Vertiefung in Sulfat- oder Karbonatgestein.
	polje, polya	An extensive, closed, usually steep-sided depression in a karst region, whose floor is covered with alluvium and whose drainage is subterranean.	Polje	Großes, geschlossenes, meist steilwandiges Becken mit ebenem Aufschüttungsboden und unterirdischer Entwässerung in Karbonatgesteinen.
	ponor	Funnel- or shaft-shaped sinkhole in a karst area into which surface water flows.	Ponor	Trichter- oder schachartiges Loch in Karsthohlform, in welches Oberflächenwasser einströmt.
	swallow hole	Site on the Earth's surface at which large amounts of flowing water disappear into the ground.	Schwinde	Stelle an der Erdoberfläche, an der größere Mengen von fließendem Wasser versickern.
2.6	**Weathering landforms**	Landforms created by climatic influences.	**Verwitterungsformen**	Durch klimatische und atmosphärische Einwirkungen entstandene Bildungen.
	cave	Natural underground cavity large enough for a person to enter, normally with a connection to the surface.	Höhle	Natürlicher, unterirdischer Hohlraum im Gestein.

	crag	A steep point or eminence of rock, especially one projecting from the side of a mountain (see also under tower).	**Klippe**	Siehe Felsturm.
	tafone	Hollows and recesses extending several meters into the rock; the process is attributed to chemical and/or mechanical weathering (honeycomb structure, wind blowout, stone lattice).	**Tafoni**	Bröckellöcher, die zum Teil mehrere Meter tief in ein Gestein eingreifen und deren Entstehung auf chemische und/oder mechanische Verwitterung zurückgeführt wird (z.B. Wabenverwitterung, Windausblasung, Steingitter).
	tor, tower, needle, pinnacle	Rock formations formed in-situ by weathering and erosion resembling large fortresses (tor) or thinner, cylindrical formations (tower, needle) predominantly with steep to vertical sides.	**Felsburg, Felsturm, Felsnadel**	Durch Verwitterung und Abtragung herausgearbeitete Felsgebilde in Form größerer, bastionartiger Komplexe (Felsburgen) oder mehr schlanker, zylindrischer Einzelformen (Felsturm, Felsnadel) mit vorwiegend steilen bis senkrechten Wänden.
	tor weathering, core-stone weathering	Chemical weathering along joints or other fractures forming slightly rounded pillow-like or flat matress-like blocks of granite or similar rock (occasionally found in gneiss and sandstone).	**Wollsack-, Matratzen-verwitterung**	Schwach gerundete, kissenartige oder plattige, matratzenartige Blöcke von Granit oder ähnlichen Felsgesteinen (gelegentlich auch bei Gneisen und Sandsteinen), die durch eine die Bankung sowie Quer- und Längsklüftung nachzeichnende Verwitterung entstanden sind.
2.7	**Lakes and mires**	Inland bodies of standing water and mires.	**Seen- und Moorbildungen**	Natürliche stehende Gewässer und nacheiszeitliche Moorbildungen des festländischen Bereiches.
	bog pond	A small pool in a mire.	**Moorauge**	Kleinflächiger See in einem Moor.
	fen	A mire whose water supply comes from both groundwater and precipitation.	**Niedermoor, Flachmoor**	Moorbildung im Grundwasserbereich.
	glacial-lobe lake	A lake in a depression formed by a glacier tongue and blocked by an end moraine.	**Zungen-beckensee**	See in einem talwärts durch Endmoränen begrenzten wannenartigen Becken, in dem eine Gletscherzunge gelegen hat.
	groove lake	A furrow filled with water in a region that was once glaciated.	**Rinnensee**	Wasserausfüllung eines Rinnentales in ehemals vergletschertem Gebiet.
	ground moraine lake	Lake in a shallow and, as a rule, flat depression in a ground moraine area.	**Grundmorä-nensee**	See in einer breiten, flachen, rundlichen Senke in einem Grundmoränengebiet.
	karst pond	A lake in a depression formed by leaching and collapse of the rocks beneath.	**Karstsee**	See in einer durch Auslaugung und Einsturz des Untergrundes entstandenen Hohlform.

lake	A body of water in a depression, normally with inflow and outflow.	See	Wasseransammlung in einer natürlichen Hohlform der Landoberfläche (Seebecken), oft mit Ein- und Ausfluß.
lake behind a natural dam	Lake behind a recent deposit, e.g., landslide, moraine or glacier.	Abdämmungssee	See in einer durch junge Ablagerungen (z.B. Moränen, Bergstürze, Gletscher) abgedämmten Hohlform.
lake terrace	A level deposit formed on the shore of a lake and exposed when the water level falls.	Seeterrasse	Randliche Ablagerung mit ebener Oberfläche an einem See, die bei einem einst höheren Wasserspiegel entstanden ist.
maar lake	A lake in a volcanic crater formed by multiple volcanic explosions.	Maarsee	See in einer durch vulkanische Explosion entstandenen rundlichen, trichterförmigen Hohlform.
morainal lake	A lake in a depression formed by glacial erosion and held back by an end or ground moraine.	Endmoränensee	See in einer durch Gletscherausräumung entstandenen und durch Moränen abgedämmten Hohlform.
raised bog	A mire with a convex surface and dependent on precipitation for its water supply.	Hochmoor	Über ihre Umgebung uhrglasförmig aufwachsende Moorbildung, die ihr Wachstum allein den Niederschlägen verdankt.
slope mire	A mire on a hillside, predominantly in mountainous regions, on rock or other material with poor drainage (rock, loam, clay).	Hangmoor	In bergigem Gelände auftretende, flächige Moorbildung in Hanglagen auf geringdurchlässigem Gesteinsuntergrund (Fels, Lehm oder Ton).
spring mire	Mire associated with a spring or in an area in which groundwater seeps to the surface.	Quellmoor	An örtlichen Grundwasseraustritten entstandene, kleinflächige Moorbildung.
transition mire	A mire in a transitional phase between a raised bog and a fen.	Übergangsmoor, Zwischenmoor	Moorbildung, die nicht eindeutig einem Niedermoor oder Hochmoor zugeordnet werden kann.
thermokarst lake	A shallow depression filled with water and produced by the thawing of ground ice in periglacial regions.	Thermokarstsee	Im Periglazialbereich durch Abschmelzen von Bodeneis entstandene wassergefüllte, flache Senke.
2.8 **Igneous structures**	Structures produced by volcanic activity or the intrusion of magma in the Earth's crust.	**Magmatische Bildungen**	Formen, die durch vulkanische Aktivität oder das Eindringen von Magma in die Erdkruste entstanden sind.
basalt pillow	Pillow-like subaquatic deposit of basaltic lava.	**Basaltkissen**	Kissenförmige Absonderung subaquatisch ausgeflossener basaltischer Lava.

caldera	Basin-shaped depression of volcanic origin with a diameter of several hundred meters to a few kilometers formed by the collapse of the roof of a magma chamber after the nearly complete removal of magma (collapse caldera) or by the ejection of rocks during a gaseous explosion (explosion caldera).	**Caldera**	Kesselartige Vertiefung mit mehreren hundert Metern bis zu Kilometern Durchmesser im Bereich von Vulkanen, die auf das Einstürzen des Deckgesteins des weitgehend entleerten Magmenherdes (Einsturz–Caldera) oder auf das Herausschleudern von Gestein durch Gasexplosionen (Explosions–Caldera) zurückgeführt wird.
columnar structure	Columnar jointing producing columns with a polygonal cross-section in basalt or dolerite.	**Basaltsäule**	Säulenartige Absonderung mit polygonalem Querschnitt.
dyke (dike), **sill, vein**	Intrusive igneous rock, usually tabular, in a fault or other fracture; a dyke cuts the bedding or foliation of the country rock at various angles; a sill is the concordant equivalent intrusion; a vein is the mineral filling of a fault or other fracture.	**Gang**	Ausfüllung von Spalten in der Erdkruste durch magmatische Gesteine oder Mineralabsätze in Gestalt meist plattenförmiger Körper. Sie durchschlagen in verschiedenen Winkeln das Umgebungsgestein.
exhalation conduit	A tube-like passage through which volcanic gases escape.	**Gasexhalationskanal**	Röhrenartiger Förderweg von Entgasungen an Vulkanen.
lava flow	Lava that has flowed from a vent or fissure and spread as a sheet.	**Lavadecke**	Großflächig ausgeflossene Lava.
lava tube	A tunnel-shaped cave formed when lava withdraws from beneath the solidified surface layer of a lava flow.	**Lavahöhle**	Beim Erstarren der ausfließenden Lava entstandene, tunnelartige Höhle.
maar	A round, funnel- or bowl-shaped crater formed by formed by multiple volcanic explosions.	**Maar**	Durch Wasserdampfexplosion bei vulkanischer Tätigkeit hervorgerufene trichter- bis schüsselförmige Eintiefung.
plug dome	Dome-shaped rock mass formed by the intrusion of viscous magma into or between other rock formations near the Earth's surface.	**Staukuppe** (Quellkuppe)	Durch Aufstauung zähflüssiger magmatischer Schmelzen im Bereich von Vulkanen entstandene keulenartige Gesteinsmasse.
volcanic cone	A conical hill of lava and/or pyroclastics around a volcanic vent.	**Vulkankegel**	Ein um einen Vulkankrater ringförmig aufgeschütteter Wall aus vulkanischen Auswurfprodukten.
volcanic crater	Circular, basin-like, rimmed structure, usually at the summit of a volcano.	**Vulkankrater**	Oberster, trichter-, kessel- oder schachtförmiger Teil des Förderkanales eines Vulkans.
volcanic pipe	A conduit through which magma reaches the Earth's surface.	**Vulkanschlot**	Röhren- oder spaltenförmiger Aufstiegskanal, der mit vulkanischen Produkten gefüllt ist.

2.9	**Meteorite-impact landforms**	Landforms and features created by the impact of meteorites.	**Impaktbildungen**	Durch Meteoriteneinschlag bedingte Formen und Bildungen.
	allochthon	Mass of rock (up to several km³) transported by the force of the impact from its original site to a new site.	Allochthone Scholle	Zerrüttetes, jedoch im Verband gebliebenes Gesteinspaket größeren Ausmaßes (bis zu mehreren km³), das vom ursprünglichen Bildungsort entfernt in ortsfremder Umgebung liegt.
	inner crater	Circular, low crater near the centre of the meteorite crater; the inner or secondary crater is formed by rock masses catapulted out and falling back within the outer rim.	Innerer Wall	Ringförmige, flache Bodenerhebung in Zentrumsnähe eines Meteoritenkraters; der Wall entsteht durch das Zurückfallen herausgeschleuderter Gesteinsmassen nach dem eigentlichen Meteoriteneinschlag.
	meteorite crater	A bowl-like structure created by the impact of a meteorite.	Meteoritenkrater	Ein durch den Aufprall eines Meteoriten erzeugter schüsselartiger Krater.
	outer rim	Raised periphery of a meteorite crater; usually formed of strongly shattered bedrock and rock debris and partly overlain by allochthonous blocks.	Äußerer Wall	Ringförmige Bodenerhebung, die den maximalen Umfang des Kraters nachzeichnet; sie wird meist aus aufgewölbten, stark gestörten Untergrundsgesteinen und Trümmermassen aufgebaut und stellenweise von allochthonen Schollen überlagert.
	polished surface	Plane rock surface with well-defined grooves in one direction, produced by sliding blocks of rock.	Schlifffläche	Planare Gesteinsoberfläche mit ausgeprägten, gerichteten Striemen, die durch den Rutschtransport herausgerissener Gesteinsschollen erzeugt wurden.
3	**Springs and artesian wells**	Sites where groundwater issues from the earth.	**Quellen**	Örtlich begrenzte Austritte von Grundwasser, die natürlich oder künstlich geschaffen wurden.
	spring	A place where groundwater issues naturally from the ground.		
	artesian well	A well from which groundwater flows to the surface by artesian pressure (hydrostatic pressure).	Artesische Quelle	Bei Entlastung (hydrostatischer Druck) durch eine Brunnenbohrung entstandener, künstlicher Wasseraustritt.
	karst spring	A stream emerging from a karst cave; it commonly has a highly variable discharge and chemical content.	Karstquelle	Im Karst austretende, in ihrer Schüttung und chemischen Zusammensetzung häufig stark schwankende Quelle.
	mineral spring	Spring with more than 1000 mg/L dissolved minerals, CO_2 or with more than a given content of trace elements.	Mineralquelle	Quelle mit mehr als 1000 mg/l gelöster Stoffe, CO_2 oder mit Gehalten an Spurenelementen oberhalb festgelegter Grenzwerte.

perennial spring	Spring discharging water throughout the year, but subject to fluctuation.	**Perennierende Quelle**	Ganzjährige, aber jahreszeitlich schwankende Schüttung.
periodic/intermittent spring	Spring that discharges only periodically.	**Periodische Quelle**	Episodische Schüttung.
salt spring	Spring discharging salt water (>10g/L).	**Solequelle**	Quellwasser mit Gesamtsalz-Gehalt > 10 g/l.
thermal spring	Spring with a water temperature higher than 20 °C.	**Thermalquelle**	Quelle mit mehr als 20 °C Austritts–Wassertemperatur.

Geotope Documentation Form (example), page 1　　　　　　　　　　**Appendix 2**

1. *Name of site:* ....   *Site-no.:* ....
   ....

2. *Location:*
   Description of location: ....
   ....
   ....

   State: .... District: .... County: ....
   City / Community: .... Community code: |_|_|_|_|_|_|
   1:25 000 sheet no.: ....   *Coordinate system*[1]: □
   Source of coordinate data[2]: □   **Easting:** |_|_|_|_|_|_|_| *Northing:* |_|_|_|_|_|_|_|
   Precision[3]: □   *Reference point of the coordinates*[4]: □   *Elevation reference system*[5]: □
   Elevation (m): ....   *Source of elevation data*[6]: □   *Precision*[3]: □

3. **Geological description:**
   Type of geotope[7]: |_|_|_|_| ....
   Regional geology setting: |_|_|_|_| ....
   Stratigraphic age: |_|_|_|_| ....
   Lithology or petrography: |_|_|_|_| ....
   Mode of formation: |_|_|_|_| ....
   Type of exposure[8]: |_|_|_|_| ....
   Section: ....

4. **Size of the site:**
   Length (m): .... Width (m): .... Elevation (m): .... Circumference (m): ....
   Volume (m³): .... Shape: .... Yield of spring (L/s): ....

5. **Owner of site:** ....
   ....

6. **Access:** □ remote, access difficult
   　　　　　 □ access easy
   　　　　　 □ access by road

7. **Present use**[9]: □ ....

[1] – [9] refer to next page for codes　　　　　　　　　　© 1996 "Ad-hoc-AG Geotopschutz" des BLA Bodenforschung

Key to the Geotope Documentation Form / Appendix 2 / page 1

Items in italics are obligatory !

1) *Coordinate system*
   1 : Gauß-Krüger projection
   2 : UTM projection
   3 : geographic coordinates

2) *Source of coordinate data*
   M : geodetic survey
   K : from map
   L : from aerial photo
   U : unchecked drilling data
   F : third-person information
   G : estimated
   A : other

3) *Precision*
   1 :   > 100 m
   2 : 100 m - 10 m
   3 : 10 m -   1 m
   4 :   <   1 m

4) *Reference point of the coordinates*
   1 : midpoint of exposure
   2 : entrance to mine or quarry
   3 : building
   4 : highest point of the face
   5 : beginning of the section
   6 : road crossing
   7 : spot height

5) *Elevation reference system*
   1 : mean sea level
   2 : chart datum
   3 : New Amsterdam Datum

6) *Source of elevation data*
   M : geodetic survey
   B : batrometric measurement
   K : from map
   D : digital elevation model
   U : unchecked drilling data
   F : third-person information
   G : estimated

7) *Type of geotope*: see Appendix 1: Definitions of selected Terms for Geotopes

8) **Type of exposure**
   plowed field
   stream section
   foundation pit
   borehole
   embankment
   rock face
   river bed
   ditch
   landslide scar
   road cut
   canal
   gravel or sand pit
   clay pit
   historical surface mine
   undercut river bank
   shaft
   trench
   placer-washing site
   mountain path
   quarry
   adit
   open-pit mine
   peat-cutting site
   glory hole
   tunnel

9) **Present use**
   0 : none
   1 : mining
   2 : water supply
   3 : agriculture
   4 : forestry
   5 : recreation
   6 : fishing
   7 : waste disposal site
   8 : nature reserve
   9 : other

© 1996 "Ad-hoc-AG Geotopschutz" des BLA Bodenforschung

Geotope Documentation Form (example), page 2 — Appendix 2

8. *State of preservation*:
- ☐ well preserved
- ☐ poorly preserved (weathered, debris covered, dirty, overgrown)
- ☐ very poorly preserved (damaged, recultivated, filled in)
- ☐ ruined

9. *Protection status*:
- ☐ none ☐ proceedings underway ☐ protected
- ☐ biotope under special protection

Designated as a
- ☐ natural monument ☐ protected natural feature

Geotope is situated in a
- ☐ nature reserve ☐ national park ☐ protected archaeolgical excavation area
- ☐ nature preserve ☐ nature park ☐ biosphere reserve
- ☐ groundwater/drinking water protection area ☐ ....

10. Remarks / Brief description: ....

....

....

....

....

....

....

....

11. Enclosures:
- ☐ location map ☐ geological sketch map ☐ video cassette
- ☐ photograph ☐ geological section ☐ aerial photo
- ☐ slide ☐ analytical data ☐ other

12. Literature: ....

....

....

....

13. Form completed by

Initial entries (name/inst.): .... date: |__|__|__|__|__|__|

Completion (name/inst.): .... date: |__|__|__|__|__|__|

Anmendments (name/inst.): .... date: |__|__|__|__|__|__|

© 1996 "Ad-hoc-AG Geotopschutz" des BLA Bodenforschung

Geotope Assessment Form (example), page 1 — **Appendix 3**

Determination of the geoscientific value

14. General geoscientific siginificance (s. section. 6.1.1):
- ☐ soil science (pedology)
- ☐ glacial geology
- ☐ hydrogeology
- ☐ engineering geology
- ☐ mineralogy / petrography
- ☐ morphology / physiographic history / paleogeography
- ☐ paleontology
- ☐ economic geology
- ☐ sedimentology
- ☐ stratigraphy
- ☐ structural geology / tectonics
- ☐ volcanology
- ☐ ....

- ☐ 1 of the above fields
- ☐ 2 - 4 of the above fields
- ☐ > 4 of the above fields

15. Significance for the regional geology (s. section 6.1.2):
- ☐ none
- ☐ local significance
- ☐ significant for the geological area
- ☐ significant for the geological region

16. Significance for education, research and teaching (s. section. 6.1.3):
- ☐ none
- ☐ significant for nature, local history and geography, tourism
- ☐ significant for scientific excursions, teaching or research
- ☐ special scientific reference locality or type locality

17. State of preservation (s. section 6.1.4):
- ☐ very poorly preserved (damaged, recultivated, filled in)
- ☐ poorly preserved (weathered, debris covered, dirty, overgrown)
- ☐ well preserved

18. Number of similar geotopes in a geological region (s. section 6.1.5):
- ☐ common (> 7 similar geotopes)
- ☐ several (2-7 similar geotopes)
- ☐ rare (1 similar geotope)

19. A Number of geological regions with similar geotopes (s. section 6.1.6):
- ☐ common (> 4 geological regions)
- ☐ several (2-4 geological regions)
- ☐ rare (1 geological region)

20. Geoscientific value of the geotope (s. sections 6.1.1 - 6.1.6):
The geotope is
- ☐ of minor value
- ☐ significant
- ☐ valuable
- ☐ of special value

because..
....
....

© 1996 "Ad-hoc-AG Geotopschutz" des BLA Bodenforschung

Geotope Assessment Form (example), page 2 — Appendix 3

Determination of the need for protection

21. Threats to the geotope (s. section 6.2.1):

"Not threatened" if
- ☐ no recovery of mineral resources or construction measures is planned,
- ☐ the recovery of mineral resources is completed,
- ☐ it is not envisaged to fill or recultivate the excavation site,
- ☐ the geotope is located in a nature reserve, national park, or a protected archaeological excavation area,
- ☐ is designated as a natural monument, protected local natural feature or as a biotope under special protection.

"Insignifcanctly threatened" if
- ☐ it is located within a mineral occurrence,
- ☐ the opencast mine or quarry location is to be reclaimed,
- ☐ it is in a nature preserve, "nature park", biosphere reserve or groundwater/drinking water protection area.

"Seriously threatened" if
- ☐ current mining operations may lead to the destruction of the geotope,
- ☐ it is located in a mineral resources priority area,
- ☐ it is planned to fill or recultivate the site,
- ☐ objectives are laid down in regional plans, development plans or programs that may threaten it, or
- ☐ damage may be caused by recreation activities.

"Acutely threatened" if
- ☐ current mining operations are threatening to irrecoverably destroy the geotope within a short period of time,
- ☐ an abandoned mine is being filled,
- ☐ a regional policy compatibility procedure for the exploitation of mineral resources or for construction schemes has been approved.

22. Protection status of comparable geotopes (s. section 6.2.2):
- ☐ at least one similar geotope is sufficiently protected
- ☐ no comparable geotope is sufficiently protected

23. *Need for protection* (s. sections 6.2.1 - 6.2.2):
- ☐ no need for protection
- ☐ minor need for protection
- ☐ considerable need for protection
- ☐ acute need for protection

24. Overall assessment (nature conservation value) (s. section 6.3):

The geotope is
- ☐ **insignificant**
- ☐ **significant, meriting preservation**
- ☐ **valuable, meriting legal protection**

Comparable geotopes: ....
....

© 1996 "Ad-hoc-AG Geotopschutz" des BLA Bodenforschung

Protection and Maintenance Form for Geotopes (example), page 1   **Appendix 4**

Proposals by the Geological Survey for protective regulations (points 25-30) to be implemented by the nature conservation agency

25. *Proposal for conservation*:

    Legal protection of the geotope is

    ☐ not necessary (points 26-30, therefore, need not be answered)
    ☐ necessary   ☐ proceedings underway   ☐ implemented

    as a   ☐ natural monument   ☐ protected natural feature
           ☐ biotope under special protection

    in a   ☐ nature reserve   ☐ national park   ☐ protected archaeolgical exavation area
          ☐ nature preserve   ☐ nature park   ☐ biosphere reserve
          ☐ groundwater/drinking water protection area   ☐ ....

26. Proposals by the Geological Survey for protective regulations:

....
....
....
....
....
....
....
....
....
....
....
....
....
....
....

or
☐ *is enclosed*   *File no.:* ....
☐ *already submitted to the nature conservation*   *Archives no.:* ....
    agency
☐ *will submitted later*

© 1996 "Ad-hoc-AG Geotopschutz" des BLA Bodenforschung

Protection and Maintenance Form for Geotopes (example), page 2   Appendix 4

27. *Legal protection measures* *(s. section 7.1)*:
Construction of footpaths
☐ not possible ☐ not necessary
☐ necessary ☐ existing ☐ sign posts

Signs or information boards explaining the geology
☐ not necessary ☐ existing ☐ necessary

Site protection
☐ not necessary ☐ existing ☐ necessary
☐ fence ☐ hedge ☐ embankment

28. *Maintenance measures* *(s. section 7.2)*
for stabilization, protection, recognition, repair and rehabilitation:

Removal of
☐ or regular cutting ☐ soil ☐ debris ☐ refuse
  back of vegetation
to prevent ☐ destruction ☐ damage ☐ other changes.

Presentation measures:
☐ excavation ☐ removal of weathered surface ☐ cleaning

☐ without tools/equipment ☐ with tools/equipment

Type of tools/equipment: ....

29. *Access regulations* *(s. section 7.3)*:
Access for
☐ science ☐ excursions ☐ ....
☐ research and teaching ☐ nature, local history and geography studies

30. *Access for scientific studies* *(s. section 7.3)*:
Sample collection:
☐ rocks ☐ soils ☐ minerals ☐ fossils
Type of tools/equipment: ....

Other:
☐ mapping ☐ surveying ☐ drilling, trenching
Type of tools/equipment: ....

31. Official notification:

....
....

32. Prepared by
Name: ....

Profession / function: ....

Institution: ....

Date: ....

© 1996 "Ad-hoc-AG Geotopschutz" des BLA Bodenforschung

Abb. 2: Ausschnitt aus der Geologischen Karte der Bundesrepublik Deutschland
Figure 2: Section of the Geological Map of the Federal Republic of Germany

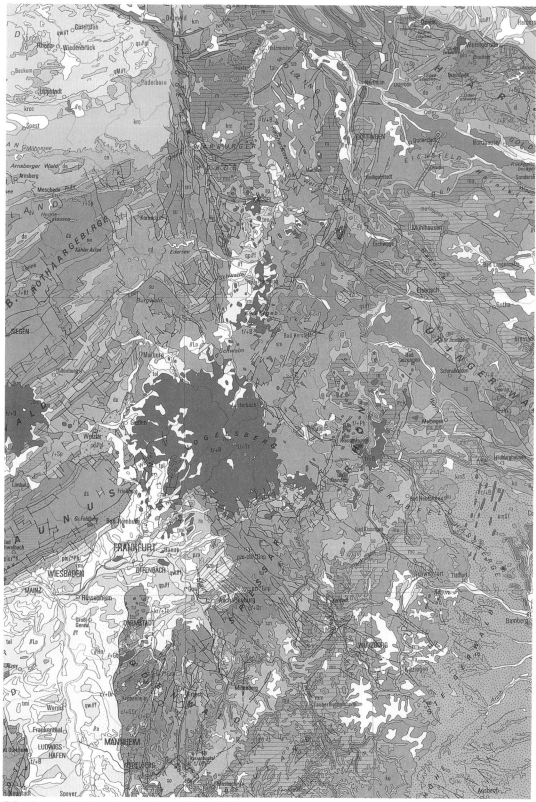

© Bundesanstalt für Geowissenschaften und Rohstoffe, Hannover

Beispiele von Geotopen in Deutschland / Examples of geotopes in Germany

Foto 1: „Teufelsmauer" bei Neinstedt (W. KARPE). Durch die Harzheraushebung aufgerichtete und silifizierte Oberkreideschichten (Santon). Ältestes Naturdenkmal (1852) in Sachsen-Anhalt.

„Devils Wall" near Neinstedt. Upper Cretaceous (Santonian) silicified marlstone tilted during the uplifting of the Harz Mountains. It is the oldest natural monument (1852) in Saxony-Anhalt.

Foto 2: „Kristallgrotte" im Kalischacht Merkers in Thüringen (KALI & SALZ, 1995). Steinsalzkristallschlotte von seltener Größe und Schönheit.

„Crystal grotto" in the Merkers potash mine in Thuringia. A pipe filled on with rock salt of rare size and beauty.

Foto 3: Ölschiefergrube Messel bei Darmstadt in Hessen (T. KELLER). Der ehemalige Tagebau (Blick von Süden) im unteren Mittel-Eozän ist seit 1995 in die UNESCO-Liste des Weltkulturerbes aufgenommen. Ein Geotop von höchster Bedeutung für die fossile Entwicklung der Vertebraten.

Messel oil shale mine near Darmstadt in Hesse. The disused opencast mine (view from the south) in the middle Eocene was placed on the UNESCO World Heritage List in 1995. This geotope is of great importance for studies of vertebrate evolution.

Foto 4: Ölschiefer von Messel (M. WUTTKE). Fossiler Frosch, *Messelobatrachus tonieni* (h = ca. 5 cm) aus dem unteren Mittel-Eozän des Tertiärs.

Messel oil shale. A fossil frog, *Messelobatrachus tonieni* (about 5 cm long) from the middle Eocene.

Foto 5: Fischsaurier *Stenopterygius quadriscissus* E. FR. aus den Lias-Tonsteinschichten des Jura von Holzmaden in Baden-Württemberg (MUS. F. NATURKUNDE FREIBURG I.BR.).

Stenopterygius quadriscissus E. FR., a Jurassic Ichthyosauria found in Lias siltstones near the town of Holzmaden in Baden-Württemberg.

Foto 6: Ehemaliger Steinbruch am Heeseberg bei Schöningen in Niedersachsen (E.-R. LOOK, 1985). Algenriffkolonien (Stromatolithe) im Unteren Buntsandstein.

Disused Heeseberg quarry near Schöningen in Lower Saxony. Algal stromatolite in lower Bunter.

Foto 7: Ehemaliger Kalksteinbruch von Lieth bei Elmshorn (P.-H. ROSS, 1996). Gipshut (Werra-Folge des Zechsteins) auf dem Salzstock von Lieth. Schleswig-Holsteins wertvollster Geotop.

Disused limestone quarry of Lieth near Elmshorn. In the cap rock (Werra-Formation, Zechstein) of the diapir Lieth. The most important geotope in Schleswig-Holstein.

Foto 8: Ehemaliger Steinbruch bei Kloster Michaelstein westlich Blankenburg in Sachsen-Anhalt (W. KARPE). Diskordante Überlagerung (Transgression) von flachliegenden Mergelsteinen der Oberkreide auf steilüberkippten Kalksteinbänken des Unteren Muschelkalkes. Typlokalität für tektonische Bewegungen bei der Harzheraushebung.

Disused quarry near the Michaelstein monastery, west of Blankenburg in Saxony-Anhalt. Angular unconformity between horizontal Upper Cretaceous marlstone and steeply dipping middle Triassic limestone. Highly important locality for tectonic movements during the uplifting of the Harz Mts.

Foto 9: Steinbruch im Groppertal in Baden-Württemberg (BOCK, 1991). Diskordante Auflagerung von Buntsandstein auf dem Schwarzwald-Grundgebirge (Paragneise).

Quarry in the Gropper valley in Baden-Württemberg. Bunter strata unconformably overlying basement paragneiss in the Black Forest.

Foto 10: „Steinerne Rose" im Wetteratal bei Saalburg in Thüringen (I. PUSTAL, 1996). Schalig verwitternde Oberflächenform aus Diabas (Devon).

„Petrified Rose" in the Wettera valley near Saalburg in Thuringia. Spheroidal weathering of diabase (Devonian).

Foto 11: Felsberg bei Reichenbach im Odenwald in Hessen (T. Meiburg). Blockhalde aus Granodiorit, eine periglaziale Verwitterungsform des Odenwald-Kristallins.

The „Felsberg" near Reichenbach in the Odenwald region of Hesse. A block field of granodiorite blocks from the Odenwald basement, a periglacial erosion form.

Foto 12: „Steinerne Agnes" im Lattengebirge bei Berchtesgaden in Bayern (U. LAGALLY). Seltene, besonders bizarre Felsbildung aus Gesteinen der alpinen Trias.

„Petrified Agnes" in the Latten mountains near Berchtesgaden. A unusual and bizarre erosion relic of alpine Triassic rocks.

Foto 13: „Hochstein" in den Königshainer Bergen. Eine typische Felsfreistellung in den magmatischen Gesteinen der Lausitz (HENNERSDORF, 1995).

Rock formation called „Hochstein" in the Königshain mountains. A typical erosion relict in the igneous complex of the Lausitz area.

Foto 14: „Lange Anna" und Nordspitze der Insel Helgoland, Schleswig-Holstein (P.-H. ROSS, 1996). Kliff-Aufschluß im Mittleren Buntsandstein.

„Long Anna" and the north tip of Heligoland, Schleswig-Holstein. A sea stack and cliffs of middle Bunter sandstones.

Foto 15: Der „Königsstuhl" auf der Insel Rügen in Mecklenburg-Vorpommern (W. SCHULZ). Ein 117 m hohes Kliff. Durch Stauchung von nordischen Inlandeismassen steilaufgekippte Kreidemergelsteinschichten.

The „King's Chair" on the isle of Rügen in Mecklenburg-Vorpommern. A cliff 117 m high of steeply dipping Cretaceous marlstone pushed up by Scandinavian ice sheet.

Foto 16: „Kleiner Markgrafenstein" in den Rauenschen Bergen bei Fürstenwalde (D. GÖLLNITZ, 1995). Größter Findling der nordischen Vereisungen in Brandenburg.

„Little Margrave's Stone" in the Rauenschen Hills near the town of Fürstenwalde. Largest erratic block left by the glaciations in Brandenburg.

Foto 17: Gletscherschliff bei Fischbach am Inn in Bayern (U. LAGALLY). Rundhöcker (oben) und Schmelzwasserrinnen (unten) auf Wettersteinkalk durch die schürfende Wirkung des eiszeitlichen Gletschers (Würm) entstanden.

Glacial striae on bedrock near the village of Fischbach on Inn in Bavaria. Roche moutonnée (above) and meltwater channel (below) in Wetterkalk Limestone formed during the Würm glaciation.

Foto 18: Wanderdüne im Elbeurstromtal östlich von Dömitz in Mecklenburg-Vorpommern (W. SCHULZ).

A wandering dune in the Elbe River valley east of the town of Dömitz in Mecklenburg-Vorpommern.

Foto 19: Großer Erdfall am Beierstein bei Osterode/Harz in Niedersachsen (V. STEIN, 1983). Subrosionsform in löslichen Gesteinen des Zechsteins.

Large doline on the Beierstein hill near Osterode in the Harz Mts. of Lower Saxony resulting from subsurface erosion of readily soluble rocks.

Foto 20: „Steinbruch Zandt" in der südlichen Frankenalb in Bayern (U. LAGALLY). Karstschlotten und -taschen im Solnhofener Plattenkalk der Jura-Formation, die von der Verkarstung der Albhochfläche im Tertiär zeugen.

Zandt quarry in the southern Frankenalb mountains in Bavaria. Karst fissures in the Solnhofen Plattenkalk of the Jurassic, documenting karstification during the Tertiary.

Veröffentlichungen des Bundesamtes für Naturschutz

Schriftenreihe für Landschaftspflege und Naturschutz	Seite II
Schriftenreihe für Vegetationskunde	Seite VI
Angewandte Landschaftsökologie	Seite VIII
Natur und Landschaft	Seite IX
Dokumentation Natur und Landschaft	Seite IX
Bibliographien	Seite IX
Sonstige Veröffentlichungen	Seite XI
Schriftenreihe „MAB-Mitteilungen"	Seite XII
Lieferbare Hefte	Seite XV

Schriftenreihe für Landschaftspflege und Naturschutz

Heft 1: Der Landschaftsplan – Inhalt, Methodik, Anwendungsbereiche. Hochwasserbedingte Landschaftsschäden im Einzugsgebiet der Altenau und ihrer Nebenbäche.
Bad Godesberg: 1966, 190 Seiten, ISBN 3-7843-2001-5

Heft 2: I. Aktuelle Rechtsfragen des Naturschutzes. II. Gutachten über das Naturschutzgebiet „Lister Dünen mit Halbinsel Ellenbogen auf Sylt".
Bad Godesberg: 1967, 114 Seiten, ISBN 3-7843-2002-3

Heft 3: Beiträge zur Neuordnung des ländlichen Raumes. Wettbewerb „Unser Dorf soll schöner werden" – ein Instrument zur Neuordnung des ländlichen Raumes. Erholung – ein wachsender Anspruch an eine sich wandelnde Landschaft.
Bad Godesberg: 1968, 196 Seiten, ISBN 3-7843-2003-1

Heft 4: Zur Belastung der Landschaft.
Bonn-Bad Godesberg: 1969, 160 Seiten, ISBN 3-7843-2004-X

Heft 5: Landschaftsplan und Naturparke.
Bonn-Bad Godesberg: 1970, 211 Seiten, ISBN 3-7843-2005-8

Heft 6: Naturschutz und Erziehung; Landschaftsplanung – Bauleitplanung; Naturschutzgebiete und ihre Probleme. Seminare im Europäischen Naturschutzjahr 1970.
Bonn-Bad Godesberg: 1971, 279 Seiten, ISBN 3-7843-2006-6

Heft 7: Aktuelle Probleme des Schutzes von Pflanzen- und Tierarten.
Bonn-Bad Godesberg: 1972, 143 Seiten, ISBN 3-7843-2007-4

Heft 8: Internationale Arbeit in Naturschutz und Landschaftspflege. Öffentlichkeitsarbeit für Naturschutz und Landschaftspflege.
Bonn-Bad Godesberg: 1973, 178 Seiten, ISBN 3-7843-2008-2

Heft 9: Gessner, E., Brandt, K. und Mrass, W.: Ermittlung von aktuellen und potentiellen Erholungsgebieten in der Bundesrepublik Deutschland.
Bonn-Bad Godesberg: 1975, 76 Seiten, 18 Karten, ISBN 3-7843-2009-0 (vergriffen)

Heft 10: Bürger, K.: Auswertung von Untersuchungen und Forschungsergebnissen zur Belastung der Landschaft und ihres Naturhaushaltes.
Bonn-Bad Godesberg: 1975, 119 Seiten, ISBN 3-7843-2010-4

Heft 11: Solmsdorf, H., Lohmeyer, W. und Mrass, W.: Ermittlung und Untersuchung der schutzwürdigen und naturnahen Bereiche entlang des Rheins (Schutzwürdige Bereiche im Rheintal).
Bonn-Bad Godesberg: 1975, Textband: 186 Seiten, Kartenband: 5 Übersichtskarten, 160 Einzelkarten, ISBN 3-7843-2011-2 (vergriffen)

Heft 12: Erz, W. u.a.: Schutz und Gestaltung von Feuchtgebieten.
Bonn-Bad Godesberg: 1975, 136 Seiten, ISBN 3-7843-2012-0 (vergriffen)

Heft 13: Untersuchungen zu Nationalparken in der Bundesrepublik Deutschland:
1. Henke, H.: Untersuchung der vorhandenen und potentiellen Nationalparke in der Bundesrepublik Deutschland im Hinblick auf das internationale Nationalparkkonzept.
2. Gutachtliche Stellungnahme der Bundesforschungsanstalt für Naturschutz und Landschaftsökologie zu einem umfassenden Naturschutz, insbesondere zur Einrichtung eines Nationalparks, im Nordfriesischen Wattenmeer.
Bonn-Bad Godesberg: 1976, 180 Seiten, 36 Karten, ISBN 3-7843-2013-9

Heft 14: Krause, C. L., Olschowy, G., Meisel, K., Finke, L.: Ökologische Grundlagen der Planung.
Bonn-Bad Godesberg: 1977, 204 Seiten, 3 Karten, 2 Matrizes, 30 Abbildungen, 39 Tabellen, ISBN 3-7843-2014-7 (vergriffen)

Heft 15: Fritz, G., Lassen, D.: Untersuchung zur Belastung der Landschaft durch Freizeit und Erholung in ausgewählten Räumen.
Bonn-Bad Godesberg: 1977, 130 Seiten, 4 Karten, 24 Abbildungen, 37 Tabellen, ISBN 3-7843-2015-5 (vergriffen)

Heft 16: 1. Arnold, F. u.a.: Gesamtökologischer Bewertungsansatz für einen Vergleich von zwei Autobahntrassen.
2. Bürger, K., Olschowy, G., Schulte, Cl.: Bewertung von Landschaftsschäden mit Hilfe der Nutzwertanalyse.
Bonn-Bad Godesberg: 1977, 264 Seiten, 9 Tabellen, 31 Abbildungen, 74 Computerkarten, ISBN 3-7843-2016-3 (vergriffen)

Heft 17: Zvolský, Z.: Erarbeitung von Empfehlungen für die Aufstellung von Landschaftsplanungen im Rahmen der allgemeinen Landeskultur und Agrarplanung.
Bonn-Bad Godesberg: 1978, 262 Seiten, 11 Abbildungen, 4 Computerkarten, 76 Tabellen, ISBN 3-7843-2017-1

Heft 18: Blab, J.: Biologie, Ökologie und Schutz von Amphibien. 3. erweiterte und neubearbeitete Auflage.
Bonn-Bad Godesberg: 1986, 150 Seiten, 33 Abbildungen, 18 Tabellen, ISBN 3-88949-128-6

Heft 19: Mader, H.-J.: Die Isolationswirkung von Verkehrsstraßen auf Tierpopulationen untersucht am Beispiel von Arthropoden und Kleinsäugern der Waldbiozönose.
Bonn-Bad Godesberg: 1979, 131 Seiten, 33 Abbildungen, 30 Tabellen, ISBN 3-7843-2019-8 (vergriffen)

Heft 20: Wirkungsanalyse der Landschaftsplanung.
1. Krause, C. L.: Methodische Ansätze zur Wirkungsanalyse im Rahmen der Landschaftsplanung.
2. Krause, C. L., Henke, H.: Beispielhafte Untersuchung von Wirkungszusammenhängen im Rahmen der Landschaftsplanung.
Bonn-Bad Godesberg: 1980, 300 Seiten, 64 Abbildungen, 36 Tabellen, 15 Matrizen, ISBN 3-7843-2020-1

Heft 21: Koeppel, H.-W., Arnold, F.: Landschafts-Informationssystem.
Bonn-Bad Godesberg: 1981, 192 Seiten, 26 Abbildungen, 9 Tabellen, ISBN 3-7843-2021-X

Heft 22: Mader, H.-J.: Der Konflikt Straße-Tierwelt aus ökologischer Sicht.
Bonn-Bad Godesberg: 1981, 104 Seiten, 20 Abbildungen, 19 Tabellen, ISBN 3-7843-2022-8 (vergriffen)

Heft 23: Nowak, E., Zsivanovits, K.-P.: Wiedereinbürgerung gefährdeter Tierarten. Wissenschaftliche Grundlagen, Erfahrungen und Bewertung.
Bonn-Bad Godesberg: 1982, 153 Seiten, 23 Abbildungen, 7 Tabellen, ISBN 3-7843-2023-6

Heft 24: Blab, J.: Grundlagen des Biotopschutzes für Tiere. Ein Leitfaden zum praktischen Schutz der Lebensräume unserer Tiere. 4., erweiterte und neubearbeitete Auflage.
Bonn-Bad Godesberg: 1993, 479 Seiten, Abbildungen, Tabellen, Quellen.
ISBN 3-88949-115-4

Heft 25: Krause, C. L., Adam, K., Schäfer, R.: Landschaftsbildanalyse, Methodische Grundlagen zur Ermittlung der Qualität des Landschaftsbildes.
Bonn-Bad Godesberg: 1983, 168 Seiten, 24 Abbildungen, 19 Tabellen, 3 Karten, ISBN 3-7843-2025-2 (vergriffen)

Heft 26: Bless, R.: Zur Regeneration von Bächen der Agrarlandschaft, eine ichthyologische Fallstudie.
Bonn-Bad Godesberg: 1985, 80 Seiten, 31 Abbildungen, 23 Tabellen, ISBN 3-7843-2026-0

Heft 27: Mader, H.-J., Klüppel, R., Overmeyer, H.: Experimente zum Biotopverbundsystem – tierökologische Untersuchungen an einer Anpflanzung.
Bonn-Bad Godesberg: 1986, 136 Seiten, 39 Abbildungen, 6 Tabellen, ISBN 3-7843-2027-9

Heft 28: Nowak, E., Zsivanovits, K.-P.: Gestaltender Biotopschutz für gefährdete Tierarten und deren Gemeinschaften.
Bonn-Bad Godesberg: 1987, 204 Seiten, 96 Abbildungen, 21 Tabellen, ISBN 3-7843-2028-7 (vergriffen)

Heft 29: Blab, J., Nowak, E. (Hrsg.): Zehn Jahre Rote Liste gefährdeter Tierarten in der Bundesrepublik Deutschland. Situation, Erhaltungszustand, neuere Entwicklungen.
Bonn-Bad Godesberg: 1989, 312 S., Abbildungen, Tabellen, Kartenskizzen,
ISBN 3-88949-157-X

Heft 30: Blab, J., Terhardt, A., Zsivanovits, K.-P.: Tierwelt in der Zivilisationslandschaft.
1. Raumeinbindung und Biotopnutzung bei Säugetieren und Vögeln im Drachenfelser Ländchen.
Bonn-Bad Godesberg: 1989, 223 S., Abbildungen, Tabellen, Kartenskizzen,
ISBN 3-88949-158-8

Heft 31: Faber, T. F.: Die Luftbildauswertung, eine Methode zur ökologischen Analyse von Strukturveränderungen bei Fließgewässern.
Bonn-Bad Godesberg: 1989, 119 S., Abbildungen, Tabellen, Karten,
ISBN 3-7843-2029-5

Heft 32: Riecken, U. (Hrsg.): Möglichkeiten und Grenzen der Bioindikation durch Tierarten und Tiergruppen im Rahmen raumrelevanter Planungen.
Bonn-Bad Godesberg: 1990, 228 S., Abbildungen, Tabellen,
ISBN 3-7843-2071-6

Heft 33: Schulte, W. u.a.: Zur Biologie städtischer Böden. Beispielraum: Bonn-Bad Godesberg.
Bonn-Bad Godesberg: 1990, 184 S., Abbildungen, Kartenskizzen, Tabellen,
ISBN 3-88949-168-5

Heft 34: Blab, J., Brüggemann, P., Sauer, H.: Tierwelt in der Zivilisationslandschaft. 2. Raumeinbindung und Biotopnutzung bei Reptilien und Amphibien im Drachenfelser Ländchen.
Bonn-Bad Godesberg: 1991, 94 S., Abbildungen, Tabellen, Quellen,
ISBN 3-88949-175-8

Heft 35: Bless, R.: Einsichten in die Ökologie der Elritze – *Phoxinus phoxinus (L.)*, praktische Grundlagen zum Schutz einer gefährdeten Fischart.
Bonn-Bad Godesberg: 1992, 57 S., Abbildungen, Tabellen, Quellen,
ISBN 3-7843-2030-9

Heft 36: Riecken, U.: Planungsbezogene Bioindikation durch Tierarten und Tiergruppen – Grundlagen und Anwendung.
Bonn-Bad Godesberg: 1992, 187 S., Abbildungen, Tabellen,
ISBN 3-7843-2031-7

Heft 37: Gießübel, J.: Erfassung und Bewertung von Fließgewässern durch Luftbildauswertung.
Bonn-Bad Godesberg: 1993, 77 S., Abbildungen, Tabellen, Quellen,
ISBN 3-7843-2033-3

Heft 38: Blab, J., Riecken, U.: Grundlagen und Probleme einer Roten Liste der gefährdeten Biotoptypen Deutschlands. Referate und Ergebnisse des gleichnamigen Symposiums der Bundesforschungsanstalt für Naturschutz und Landschaftsökologie vom 28.–30. Oktober 1991.
Bonn-Bad Godesberg: 1993, 339 S., Abbildungen, Tabellen, Quellen,
ISBN 3-88949-192-8

Heft 39: Haarmann, K., Pretscher, P.: Zustand und Zukunft der Naturschutzgebiete in Deutschland – Die Situation im Süden und Ausblicke auf andere Landesteile.
Bonn-Bad Godesberg: 1993, 266 S., Abbildungen, Tabellen, Quellen,
ISBN 3-7843-2032-5

Heft 40: Blab, J., Schröder, E. und Völkl, W. (Hrsg.): Effizienzkontrollen im Naturschutz. Referate und Ergebnisse des gleichnamigen Symposiums vom 19.–21. Oktober 1992.
Bonn-Bad Godesberg: 1994, 300 S., Abbildungen, Tabellen, Quellen,
ISBN 3-88949-193-6

Heft 41: Riecken, U., Ries, U. und Ssymank, A.: Rote Liste der gefährdeten Biotoptypen der Bundesrepublik Deutschland.
Bonn-Bad Godesberg, 1994, 184 S., Abbildungen, Tabellen, Quellen.
ISBN 3-88949-194-4

Heft 42: Blab, J., Bless, R. und Nowak, E.: Rote Liste der Wirbeltiere.
Bonn-Bad Godesberg: 1994, 190 S., Abbildungen, Tabellen, Quellen
ISBN 3-88949-195-2

Heft 43: Riecken, U. und Schröder, E. (Bearb.): Biologische Daten für die Planung. Auswertung, Aufbereitung und Flächenbewertung.
Bonn-Bad Godesberg, 1995, 427 S., Abbildungen, Tabellen, Quellen.
ISBN 3-7843-2078-5

Heft 44: Nordheim, H. v. und Merck, T. (Bearb.): Rote Liste der Biotoptypen, Tier- und Pflanzenarten des deutschen Wattenmeer- und Nordseebereichs.
Bonn-Bad Godesberg, 1995, 138 S., Tabellen.
ISBN 3-89624-101-X

Heft 45: Arbeitsgemeinschaft Naturschutz der Landesämter, Landesanstalten und Landesumweltämter, Arbeitsgruppe CIR-Bildflug (Bearb.): Systematik der Biotoptypen- und Nutzungstypenkartierung (Kartieranleitung).
Bonn-Bad Godesberg, 1995, 154 S., Abbildungen, Tabellen, Quellen.
ISBN 3-89624-100-1

Heft 46: Boye, P. u. a. (Bearb.): Säugetiere in der Landschaftsplanung. Standardmethoden und Mindestanforderungen für säugetierkundliche Beiträge zu Umwelt- und Naturschutzplanungen.
Bonn-Bad Godesberg: 1996, ca. 180 S.
(in Vorbereitung)

Auslieferung Schriftenreihen:
BfN-Schriftenvertrieb im Landwirtschaftsverlag GmbH
Postfach 48 02 49 · 48079 Münster
Telefon 0 25 01 / 8 01-1 17 · Telefax 0 25 01 / 8 01-2 04

Schriftenreihe für Vegetationskunde

Heft 1: Trautmann, W.: Erläuterungen zur Karte der potentiellen natürlichen Vegetation der Bundesrepublik Deutschland 1 : 200 000 Blatt 85 Minden, mit einer Einführung in die Grundlagen und Methoden der Kartierung der potentiellen natürlichen Vegetation. Beilage: eine mehrfarbige Vegetationskarte 1 : 200 000.
Bad Godesberg: 1966, 137 Seiten, ISBN 3-7843-2051-1 (vergriffen)

Heft 2: Ant, H. u.a.: Pflanzensoziologisch-systematische Übersicht der westdeutschen Vegetation, verschiedene tierökologische und vegetationskundliche Beiträge.
Bad Godesberg: 1967, 240 Seiten, ISBN 3-7843-2052-X (vergriffen)

Heft 3: Seibert, P.: Übersichtskarte der natürlichen Vegetationsgebiete von Bayern 1 : 500 000 mit Erläuterungen.
Bad Godesberg: 1968, 84 S., ISBN 3-7843-2053-8 (vergriffen)

Heft 4: Brahe, P. u.a.: Gliederung der Wiesen- und Ackerwildkrautvegetation Nordwestdeutschlands; Einzelbeiträge über Moore, zur Vegetationsgeschichte und Waldfauna.
Bad Godesberg: 1969, 154 Seiten, ISBN 3-7843-2054-6 (vergriffen)

Heft 5: Bohn, U. u.a.: Vegetationsuntersuchung des Solling als Beitrag zum IBP-Programm (mit mehrfarbiger Vegetationskarte); Höhengliederung der Buchenwälder im Vogelsberg, Einfluß von Luftverunreinigungen auf die Bodenvegetation u.a.
Bonn-Bad Godesberg: 1970, 236 Seiten, ISBN 3-7843-2055-4 (vergriffen)

Heft 6: Trautmann, W., Krause, A., Lohmeyer, W., Meisel, K. und Wolf, G.: Vegetationskarte der Bundesrepublik Deutschland 1 : 200 000 – Potentielle natürliche Vegetation – Blatt CC 5502 Köln. Unveränderter Nachdruck 1991.
Bonn-Bad Godesberg: 1973, 172 Seiten, ISBN 3-7843-2056-2

Heft 7: Korneck, D.: Xerothermvegetation in Rheinland-Pfalz und Nachbargebieten.
Bonn-Bad Godesberg: 1974, 196 S. und Tabellenteil, ISBN 3-7843-2057-0 (vergriffen)

Heft 8: Krause, A., Lohmeyer, W., Rodi, D.: Vegetation des bayerischen Tertiärhügellandes (mit mehrfarbiger Vegetationskarte), flußbegleitende Vegetation am Rhein u.a.
Bonn-Bad Godesberg: 1975, 138 Seiten, ISBN 3-7843-2058-9

Heft 9: Lohmeyer, W. und Krause, A.: Über die Auswirkungen des Gehölzbewuchses an kleinen Wasserläufen des Münsterlandes auf die Vegetation im Wasser und an den Böschungen im Hinblick auf die Unterhaltung der Gewässer.
Bonn-Bad Godesberg: 1975, 105 Seiten, ISBN 3-7843-2059-7 (vergriffen)

Heft 10: Sukopp, H. und Trautmann, W. (Hrsg.): Veränderungen der Flora und Fauna in der Bundesrepublik Deutschland. Ergebnisse des gleichnamigen Symposiums vom 7.–9. Oktober 1975.
Bonn-Bad Godesberg: 1976, 409 Seiten, ISBN 3-7843-2060-0

Heft 11: Meisel, K.: Die Grünlandvegetation nordwestdeutscher Flußtäler und die Eignung der von ihr besiedelten Standorte für einige wesentliche Nutzungsansprüche.
Bonn-Bad Godesberg: 1977, 121 Seiten, ISBN 3-7843-2061-9

Heft 12: Sukopp, H., Trautmann, W. und Korneck, D.: Auswertung der Roten Liste gefährdeter Farn- und Blütenpflanzen in der Bundesrepublik Deutschland für den Arten- und Biotopschutz.
Bonn-Bad Godesberg: 1978, 138 Seiten, ISBN 3-7843-2062-7 (vergriffen)

Heft 13: Wolf, G.: Veränderung der Vegetation und Abbau der organischen Substanz in aufgegebenen Wiesen des Westerwaldes.
Bonn-Bad Godesberg: 1979, 117 Seiten, ISBN 3-7843-2063-5 (vergriffen)

Heft 14: Krause, A. und Schröder, L.: Vegetationskarte der Bundesrepublik Deutschland 1 : 200 000 – Potentielle natürliche Vegetation – Blatt CC 3118 Hamburg-West. 2., unveränd. Aufl.
Bonn-Bad Godesberg: 1994, 138 Seiten, ISBN 3-7843-2064-3

Heft 15: Bohn, U.: Vegetationskarte der Bundesrepublik Deutschland 1 : 200 000 – Potentielle natürliche Vegetation – Blatt CC 5518 Fulda.
Bonn-Bad Godesberg: 1981, 330 Seiten, ISBN 3-7843-2065-1
(Nachdruck in Vorbereitung)

Heft 16: Wolf, G. (Red.): Primäre Sukzessionen auf kiesig-sandigen Rohböden im Rheinischen Braunkohlerevier.
Bonn-Bad Godesberg: 1985, 203 Seiten, ISBN 3-7843-2066-X

Heft 17: Krause, A.: Ufergehölzpflanzungen an Gräben, Bächen und Flüssen.
Bonn-Bad Godesberg: 1985, 74 Seiten, ISBN 3-7843-2067-8 (vergriffen)

Heft 18: Rote Listen von Pflanzengesellschaften, Biotopen und Arten. Referate und Ergebnisse eines Symposiums in der Bundesforschungsanstalt für Naturschutz und Landschaftsökologie vom 12.–15. November 1985.
Bonn-Bad Godesberg: 1986, 166 Seiten, ISBN 3-7843-1234-9

Heft 19: Korneck, D. und Sukopp, H.: Rote Liste der in der Bundesrepublik Deutschland ausgestorbenen, verschollenen und gefährdeten Farn- und Blütenpflanzen und ihre Auswertung für den Arten- und Biotopschutz.
Bonn-Bad Godesberg: 1988, 210 Seiten, ISBN 3-7843-2068-6 (vergriffen)

Heft 20: Krause, A.: Rasenansaaten und ihre Fortentwicklung an Autobahnen – Beobachtungen zwischen 1970 und 1988.
Bonn-Bad Godesberg: 1989, 125 Seiten, ISBN 3-7843-2069-4

Heft 21: Bundesforschungsanstalt für Naturschutz und Landschaftsökologie (Hrsg.): Naturwaldreservate.
Bonn-Bad Godesberg: 1991, 247 Seiten, ISBN 3-7843-2070-8

Heft 22: Fink, Hans G. u.a.: Synopse der Roten Listen Gefäßpflanzen. Übersicht der Roten Listen und Florenlisten für Farn- und Blütenpflanzen der Bundesländer, der Bundesrepublik Deutschland (vor dem 3. Oktober 1990) sowie der ehemaligen DDR.
Bonn-Bad Godesberg: 1992, 262 Seiten, ISBN 3-7843-2075-9

Heft 23: Bundesforschungsanstalt für Naturschutz und Landschaftsökologie (Hrsg.): Rote Listen gefährdeter Pflanzen in der Bundesrepublik Deutschland. Referate und Ergebnisse eines Arbeitstreffens in der Internationalen Naturschutzakademie, Insel Vilm, vom 25.–28. 11. 1991.
Bonn-Bad Godesberg: 1992, 245 Seiten, ISBN 3-7843-2074-0

Heft 24: Hügin, G., Henrichfreise, A.: Naturschutzbewertung der badischen Oberrheinaue – Vegetation und Wasserhaushalt des rheinnahen Waldes.
Bonn-Bad Godesberg: 1992, 48 Seiten, ISBN 3-7843-2072-4

Heft 25: Lohmeyer, W., Sukopp, H.: Agriophyten in der Vegetation Mitteleuropas.
Bonn-Bad Godesberg: 1992, 185 Seiten, ISBN 3-7843-2073-2

Heft 26: Schneider, C., Sukopp, U. und Sukopp, H.: Biologisch-ökologische Grundlagen des Schutzes gefährdeter Segetalpflanzen.
Bonn-Bad Godesberg: 1994, 356 Seiten, ISBN 3-7843-2077-5

Heft 27: Kowarik, I., Starfinger, U. und Trepl, L. (Schriftleitg.): Dynamik und Konstanz. Festschrift für Herbert Sukopp.
Bonn-Bad Godesberg: 1996, 490 Seiten, Karten, ISBN 3-89624-000-5

Heft 28: Bundesamt für Naturschutz (Hrsg.):
Rote Liste gefährdeter Pflanzen Deutschlands
Bonn-Bad Godesberg: 1996, 744 Seiten, Abbildungen, Karten, Tabellen, Literatur, ISBN 3-89624-001-3

Auslieferung Schriftenreihen:
BfN-Schriftenvertrieb im Landwirtschaftsverlag GmbH
Postfach 48 02 49 · 48079 Münster
Telefon 0 25 01 / 8 01-1 17 · Telefax 0 25 01 / 8 01-2 04

Angewandte Landschaftsökologie

Heft 1: Büro für Tourismus- und Erholungsplanung & Planungsbüro Stefan Wirz, Landschaftsplanung: Landschaftsplanung und Fremdenverkehrsplanung.
Bonn-Bad Godesberg: 1994, 136 Seiten, Abbildungen, Karten, Quellen,
ISBN 3-7843-2676-5

Heft 2: Kaule, G., Endruweit, G. und Weinschenck, G.: Landschaftsplanung, umsetzungsorientiert!
Bonn-Bad Godesberg: 1994, 170 Seiten, ISBN 3-7843-2678-1

Heft 3: Bauer, S.: Naturschutz und Landwirtschaft.
Bonn-Bad Godesberg: 1994, 108 Seiten, ISBN 3-7843-2679-X

Heft 4: Bundesamt für Naturschutz (Hrsg.): Klimaänderungen und Naturschutz.
Bonn-Bad Godesberg: 1995, 236 Seiten, Abbildungen, Tabellen, Quellen,
ISBN 3-89624-300-4

Heft 5: Schiller, J. und Könze, M. (Bearb.): Verzeichnis der Landschaftspläne und Landschaftsrahmenpläne in der Bundesrepublik Deutschland. Landschaftsplanverzeichnis 1993. 11. Fortschreibung. Gesamtausgabe.
Bonn-Bad Godesberg: 1995, 426 Seiten
ISBN 3-89624-301-2

Heft 6: Thomas, A., Mrotzek, R. und Schmidt, W.: Biomonitoring in naturnahen Buchenwäldern.
Bonn-Bad Godesberg: 1995, 140 Seiten
ISBN 3-89624-302-4

Heft 7: Institut für Bahntechnik GmbH, Berlin: Auswirkung eines neuen Bahnsystems auf Natur und Landschaft. Untersuchungen zur Bauphase der Magnetschwebebahn Transrapid.
Bonn-Bad Godesberg: 1996, 226 S., Abbildungen, Tabellen, Quellen
ISBN 3-89624-305-5

Heft 8: Krause, C. L. und Klöppel, D.: Landschaftsbild in der Eingriffsregelung. Hinweise zur Berücksichtigung von Landschaftselementen.
Bonn-Bad Godesberg: 1996, 196 Seiten, Abbildungen, Tabellen, Literatur
ISBN 3-89624-303-9

Heft 9: Ad-hoc-AG Geotopschutz/Ad-hoc Geotope Conservation Working Group: Arbeitsanleitung Geotopschutz in Deutschland. Leitfaden der Geologischen Dienste der Länder der Bundesrepublik Deutschland/Geotope Conservation in Germany. Guidelines of the Geological Surveys of the German Federal States. (dt./engl.)
Bonn-Bad Godesberg: Bundesamt für Naturschutz 1996, 114 S., Abbildungen, Tabellen, Quellen
ISBN 3-89624-306-3

Natur und Landschaft, Zeitschrift für Naturschutz, Landschaftspflege und Umweltschutz
Verlag: W. Kohlhammer, Postfach 40 02 63, 50832 Köln, Tel. 02234/106-0 Erscheinungsweise: monatlich.
Bestellungen nimmt der Verlag entgegen und übersendet auf Anforderung Probehefte.

Dokumentation Natur und Landschaft, Der Literatur-Informationsdienst für Naturschutz und Landschaftspflege
Verlag: W. Kohlhammer, Postfach 40 02 63, 50832 Köln, Tel. 0 22 34/1 06-0 Erscheinungsweise: vierteljährlich.
Bestellungen nimmt der Verlag entgegen und übersendet auf Anforderung Probehefte

Bibliographien Sonderhefte der Dokumentation Natur und Landschaft
Erscheinungsweise: unregelmäßig

Nr.		Anzahl der Titel
So.-H. 1: (1982)	Wiederansiedlung gefährdeter Tier- und Pflanzenarten (= Bibliographien Nr. 39 u. 40)	523
So.-H. 2: (1983)	Rekultivierung und Folgenutzung von Entnahmestellen (Kies-, Sandentnahmen, Steinbrüche, Baggerseen) (= Bibliographie Nr. 41)	490
So.-H. 3: (1983)	Feuchtgebiete – Gefährdung, Schutz, Pflege, Gestaltung (= Bibliographie Nr. 42)	942
So.-H. 4: (1983)	Zur Tier- und Pflanzenwelt an Verkehrswegen (= Bibliographien Nr. 43 bis 45)	315
So.-H. 5: (1984)	Naturschutz und Landschaftspflege: Main-Donau-Wasserstraße; Einsatz der EDV; Öffentlichkeitsarbeit (= Bibliographien Nr. 46 bis 48)	468
So.-H. 6: (1985)	Sport und Naturschutz; Waldreservate – Waldnaturschutzgebiete (= Bibliographien Nr. 49 u. 50)	547
So.-H. 7: (1986)	Untersuchungen zu Naturschutz und Landschaftspflege im besiedelten Bereich (= Bibliographie Nr. 51)	1294
So.-H. 8: (1987)	Untersuchungen zu Naturschutz und Landschaftspflege im besiedelten Bereich. Literaturnachträge bis 1986 (= Bibliographie Nr. 52)	467
So.-H. 9: (1988)	Hecken und Feldgehölze. Ihre Funktionen im Natur- und Landschaftshaushalt (= Bibliographie Nr. 53)	624
So.-H. 10: (1988)	Untersuchungen zu Naturschutz und Landschaftspflege im besiedelten Bereich. Literaturnachträge bis 1987 (= Bibliographie Nr. 54)	551
So.-H. 11: (1988)	Abgrabung (Bodenentnahme, Tagebau, Gewinnung oberflächennaher mineralischer Rohstoffe) und Landschaft (= Bibliographie Nr. 55)	2660
So.-H. 12: (1989)	Naturnaher Ausbau, Unterhaltung und Biotoppflege von Fließgewässern (= Bibliographie Nr. 56)	912
So.-H. 13: (1990)	Natur- und Umweltschutz in der Sowjetunion (= Bibliographien Nr. 57 u. 58)	560
So.-H. 14: (1990)	Untersuchungen zu Naturschutz und Landschaftspflege im besiedelten Bereich. Literaturnachträge bis 1990 (= Bibliographie Nr. 59)	1048
So.-H. 15: (1990)	Naturschutz in der DDR. Eine Auswahlbibliographie 1977–1990 (= Bibliographie Nr. 60)	2050

Nr.		Anzahl der Titel
So.-H. 16: (1991)	Spontane Vegetation an Straßen, Bahnlinien und in Hafenanlagen (= Bibliographien Nr. 61 u. 62)	312
So.-H. 17: (1991)	Naturwaldreservate (= Bibliographie Nr. 63)	1173
So.-H. 18: (1992)	Sport und Naturschutz (= Bibliographie Nr. 64)	938
So.-H. 19: (1992)	Historische Kulturlandschaften (= Bibliographie Nr. 65)	481
So.-H. 20: (1993)	Untersuchungen zu Naturschutz und Landschaftspflege im besiedelten Bereich. Literaturnachträge 1990 bis 1992 (= Bibliographie Nr. 66)	1182
So.-H. 21: (1996)	Baikalsee. Eine Literaturdokumentation zur Umweltsituation am Baikalsee. 2., überarbeitete und erweiterte Auflage (= Bibliographie Nr. 73)	209
So.-H. 22: (1995)	Arktische Gebiete. Eine Literaturdokumentation zur Umweltsituation des russischen Arktis-Anteils (= Bibliographie Nr. 68)	211
So.-H. 23: (1995)	Streuobst. Bindeglied zwischen Naturschutz und Landwirtschaft (= Bibliographie Nr. 69)	1500
So.-H. 24: (1995)	Naturschutzgebiet Lüneburger Heide. (= Bibliographie Nr. 70)	1077
So.-H. 25: (1995)	Naturschutz und Landschaftspflege im besiedelten Bereich. Literaturnachträge 1992 bis 1995. (= Bibliographie Nr. 71)	900
So.-H. 26: (1996)	Störungsbiologie (= Bibliographie Nr. 72) (in Vorbereitung)	

Vertrieb: Deutscher Gemeindeverlag, Postfach 40 02 63, 50832 Köln, Tel. 0 22 34 / 1 06-0.
Abonnenten der Dokumentation Natur und Landschaft erhalten auf die Sonderhefte 25 % Rabatt.

Sonstige Veröffentlichungen

Planzeichen für die örtliche Landschaftsplanung mit Wiedergabe der Verordnung über die Ausarbeitung der Bauleitpläne und die Darstellung des Planinhalts (Planzeichenverordnung 1981 – PlanzV 81). Erarbeitet vom Ausschuß „Planzeichen für die Landschaftsplanung" der Länderarbeitsgemeinschaft für Naturschutz, Landschaftspflege und Erholung (LANa).
Bonn-Bad Godesberg: 1994, 64 S., mehrfarbig, ISBN 3-7843-1219-5

Landschaftsplanung als Instrument umweltverträglicher Kommunalentwicklung. Landschaftsplanung – Bauleitplanung, Eingriffsregelung – Baugenehmigung, Umweltverträglichkeitsprüfung (UVP). – Bundesforschungsanstalt für Naturschutz und Landschaftsökologie gemeinsam mit dem Institut für Städtebau Berlin der Deutschen Akademie für Städtebau und Landesplanung.
Bonn-Bad Godesberg: 1989, 207 S., ISBN 3-7843-1330-2

Landschaftsbild – Eingriff – Ausgleich. Handhabung der naturschutzrechtlichen Eingriffsregelung für den Bereich Landschaftsbild. – Bundesforschungsanstalt für Naturschutz und Landschaftsökologie.
Bonn-Bad Godesberg: 1991, 244 S., ISBN 3-7843-2511-4

Landschaftsplanung als Entwicklungschance für umweltverträgliche Flächennutzungsplanung. Landschaftsplanung, Bauleitplanung, Umweltplanung, Verkehrsprojekte in Ost und West. Bundesamt für Naturschutz gemeinsam mit dem Institut für Städtebau Berlin der Deutschen Akademie für Städtebau und Landesplanung.
Bonn-Bad Godesberg: 1994, 257 S., ISBN 3-7843-2681-1

Materialien zur Situation der biologischen Vielfalt in Deutschland.
Bonn-Bad Godesberg: 1995, 120 S., ISBN 3-89624-600-3

Materials on the situation of biodiversity in Germany.
Bonn-Bad Godesberg: 1995, 120 S., ISBN 3-89624-601-1

Bundesamt für Naturschutz (Hrsg.): Perspektiven für den Artenschutz. Symposium zur Novellierung der EG-Artenschutzverordnung und des nationalen Artenschutzrechts.
Bonn-Bad Godesberg: 1996, 182 S., ISBN 3-89624-603-8

Daten zur Natur 1995.
ISBN 3-89624-602-X (in Vorbereitung)

Dagmar Lange: Untersuchungen zum Heilpflanzenhandel in Deutschland. Ein Beitrag zum internationalen Artenschutz.
Bonn-Bad Godesberg: Bundesamt für Naturschutz 1996, 146 S., Abbildungen, Tabellen, Quellen
ISBN: 3-89624-604-6

Auslieferung Schriftenreihen:
BfN-Schriftenvertrieb im Landwirtschaftsverlag GmbH
Postfach 48 02 49 · 48079 Münster
Telefon 0 25 01 / 8 01-1 17 · Telefax 0 25 01 / 8 01-2 04

Schriftenreihe „MAB-Mitteilungen"

1. Das UNESCO-Programm „Der Mensch und die Biosphäre" (MAB) – eine Übersicht über seine Projekte und den Stand der Beiträge.
Oktober 1977 (vergriffen)

2. Ökologie und Planung im Verdichtungsgebiet – die Arbeiten zu MAB-Projekt 11 der Region Untermain.
Juli 1978, Deutsch/Englisch (vergriffen)

3. Kaule, G., Schober, M. u. Söhmisch, R.: Kartierung erhaltenswerter Biotope in den Bayerischen Alpen. Projektbeschreibung.
November 1978 (vergriffen)

4. Internationales Seminar „Schutz und Erforschung alpiner Ökosysteme" in Berchtesgaden vom 28. 11.–1. 12. 1978. Seminarbericht.
Juni 1979 (vergriffen)

5. The Development and Application of Ecological Models in Urban and Regional Planning. International Meeting in Bad Homburg. March 13–19, 1979.
September 1980 (vergriffen)

6. Forschungsbrücke zwischen Natur- und Sozialwissenschaften im Hinblick auf Umweltpolitik und Entwicklungsplanung. MAB-Seminar vom 13. 2.–16. 2. 1980 in Berlin.
September 1980 (vergriffen)

7. Wechselwirkungen zwischen ökologischen, ökonomischen und sozialen Systemen agrarischer Intensivgebiete. Beitrag des deutschen MAB-Programms zum Projektbereich 13 (Wahrnehmung der Umweltqualität). September 1981.
2. verbesserte Auflage Oktober 1982 (vergriffen)

8. Bick, H., Franz, H. P. u. Röser, B.: Möglichkeiten zur Ausweisung von Biosphären-Reservaten in der Bundesrepublik Deutschland. Droste zu Hülshoff, B.V.: Ökosystemschutz und Forschung in Biosphären-Reservaten.
Dezember 1981 (vergriffen)

9. Der Einfluß des Menschen auf Hochgebirgsökosysteme im Alpen- und Nationalpark Berchtesgaden. November 1981.
2. erweiterte Auflage September 1982 (vergriffen)

10. Brünig, E. F. (Ed.) (1982): Transaction of the Third International MAB-IUFRO Workshop of Ecosystem Research, held on 9th and 19th September 1981 at the XVIIth IUFRO Congress, Kyoto 1981.
Second amended edition January 1983 (vergriffen)

11. Bericht über das internationale MAB-6-Seminar „Der Einfluß des Menschen auf Hochgebirgsökosysteme im Alpen- und Nationalpark Berchtesgaden" vom 2. 12.–4. 12. 1981 in Berchtesgaden.
Juni 1982 (vergriffen)

12. Podiumsdiskussion im Rahmen des MAB-13-Statusseminars „Wechselwirkungen zwischen ökologischen, ökonomischen und sozialen Systemen agrarischer Intensivgebiete" am 8./9. Oktober 1982 in Vechta/Südoldenburg.
Februar 1983 (vergriffen)

13. Angewandte Ökologie. Beispiele aus dem MAB-Programm „Der Mensch und die Biosphäre". Kurzbeschreibung der Bildtafeln für die Ausstellung „Ecology in Action".
April 1983 (vergriffen)

14. Thober, B., Lieth, H., Fabrewitz, S. unter Mitarbeit von Müller, N., Neumann, N., Witte, T.: Modellierung der sozioökonomischen und ökologischen Konsequenzen hoher Wirtschaftsdüngergaben (MOSEC). Müller, N.: Das Problem der Nitratbelastung des Grundwassers in Regionen mit intensiver Landwirtschaft: ein regionales Pilotmodell mit ausdrücklichem Bezug zu nicht-ökonomischen Institutionen.
November 1983 (vergriffen)

15. Angewandte Ökologie. Beispiel aus dem MAB-Programm „Der Mensch und die Biosphäre". Übertragung der Postertexte für die Ausstellung „Ecology in Action" in die deutsche Sprache. November 1983.
2. Auflage Januar 1985 (vergriffen)

16. Ziele, Fragestellungen und Methoden. Ökosystemforschung Berchtesgaden.
Dezember 1983 (vergriffen)

17. Szenarien und Auswertungsbeispiele aus dem Testgebiet Jenner. Ökosystemforschung Berchtesgaden. Dezember 1983.
   2. verbesserte Auflage September 1984 (vergriffen)

18. Franz, H. P.: Der deutsche Beitrag zum UNESCO-Programm „Der Mensch und die Biosphäre" (MAB). Stand, Entwicklung und Ausblick eines umfassenden Forschungsprogramms. April 1984.
   2. Auflage Februar 1985 (vergriffen)

19. Bericht über das III. Internationale MAB-6-Seminar „Der Einfluß des Menschen auf Hochgebirgsökosysteme im Alpen- und Nationalpark Berchtesgaden" vom 16.–17. April 1984 in Berchtesgaden. Oktober 1984.
   2. Auflage September 1985 (vergriffen)

20. „Biosphären-Reservate". Bericht über den I. Internationalen Kongreß über Biosphären-Reservate vom 26. 9.–2. 10. 1983 in Minsk/UdSSR.
   November 1984 (vergriffen)

21. Bericht über das IV. Internationale MAB-6-Seminar „Der Einfluß des Menschen auf Hochgebirgsökosysteme im Alpen- und Nationalpark Berchtesgaden" vom 12.–14. Juni 1985 in Berchtesgaden.
   2. Auflage April 1988 (vergriffen)

22. Mögliche Auswirkungen der geplanten Olympischen Winterspiele 1992 auf das Regionale System Berchtesgaden. Deutscher Beitrag zum MAB-Projektbereich 6 (Einfluß menschlicher Aktivitäten auf Gebirgs- und Tundraökosysteme).
   August 1986 (vergriffen)

23. Landschaftsbildbewertung im Alpenpark Berchtesgaden – Umweltpsychologische Untersuchung zur Landschaftsästhetik. Ökosystemforschung Berchtesgaden. Deutscher Beitrag zum MAB-Projektbereich 6 (Einfluß menschlicher Aktivitäten auf Gebirgs- und Tundraökosysteme).
   2. verbesserte Auflage April 1988 (vergriffen)

24. Brünig, E. F. et al: Ecologic-Socioeconomic System Analysis to the Conservation, Utilization and Development of Tropical and Subtropical Land Resources in China. Deutscher Beitrag zum MAB-Projektbereich 1 (Ökologische Auswirkungen zunehmender menschlicher Tätigkeiten auf Ökosysteme in tropischen und subtropischen Waldgebieten).
   Januar 1987 (vergriffen)

25. Probleme interdisziplinärer Ökosystem-Modellierung. MAB-Workshop März 1985 in Osnabrück.
   Juli 1987, Deutsch/Englisch (vergriffen)

26. Studien zum Osnabrücker Agrarökosystem-Modell OAM für das landwirtschaftliche Intensivgebiet Südoldenburg. Deutscher Beitrag zum MAB-Projektbereich 13: Perception of the Environment. Arbeitsgruppe Systemforschung Universität Osnabrück.
   September 1987 (vergriffen)

27. Wirtschafts- und Sozialwissenschaften in der Ökosystemforschung. Ökosystemforschung Berchtesgaden. Deutscher Beitrag zum MAB-Projektbereich 6 (Einfluß menschlicher Aktivitäten auf Gebirgs- und Tundraökosysteme).
   April 1988 (vergriffen)

28. Problems with future land-use changes in rural areas. Working meeting for the organization of an UNESCO theme study November 2–5, 1987, in Osnabrück.
   September 1988

29. Lewis, R. A. et al: Auswahl und Empfehlung von ökologischen Umweltbeobachtungsgebieten in der Bundesrepublik Deutschland.
   Mai 1989

30. Report on MAB-Workshop „International scientific workshop on soils and soil zoology in urban ecosystems as a basis for management and use of green/open spaces" in Berlin, September 15–19, 1986.
   Oktober 1989 (vergriffen)

31. Final Report of the International Workshop „Long-Term Ecological Research – A Global Perspective". September 18–22, 1988, Berchtesgaden.
   Bonn, August 1989 (vergriffen)

32. Brettschneider, G.: Vermittlung ökologischen Wissens im Rahmen des MAB-Programms. Erarbeitung eines spezifischen Programmbeitrages für das UNESCO-Programm „Man and the Biosphere" (MAB).
   Bonn, April 1990

33. Goerke, W., Nauber, J. u. Erdmann, K.-H. (Hrsg.): Tagung des MAB-Nationalkomitees der Bundesrepublik Deutschland und der Deutschen Demokratischen Republik am 28. und 29. Mai 1990 in Bonn.
Bonn, September 1990

34. Ashdown, M., Schalter, J. (Hrsg.). Geographische Informationssysteme und ihre Anwendung in MAB-Projekten, Ökosystemforschung und Umweltbeobachtung.
Bonn, Dezember 1990

35. Kerner, H. F., Spandau, L. u. Köppel, J. G.: Methoden zur angewandten Ökosystemforschung. Entwickelt im MAB-Projekt 6 „Ökosystemforschung Berchtesgaden" 1981–1991. Abschlußbericht.
Freising-Weihenstephan, September 1991 (vergriffen)

36. Erdmann, K.-H. u. Nauber, J. (Hrsg.): Beiträge zur Ökologie-, Ökosystemforschung und Umwelterziehung.
Bonn, März 1992

37. Erdmann, K.-H. u. Nauber, J. (Hrsg.): Beiträge zur Ökosystemforschung und Umwelterziehung II.
Bonn, August 1993

38. Erdmann, K.-H. u. Nauber, J. (Hrsg.): Beiträge zur Ökosystemforschung und Umwelterziehung III.
Bonn, (in Vorbereitung)

39. Deutsches MAB-Nationalkomitee (Hrsg.): Entwicklungskonzept Bayerischer Wald, Sumava (Böhmerwald), Mühlviertel.
Bonn, Juni 1994

40. German MAB National Committee (Ed.): Development concept Bavarian Forest, Sumava (Bohemian Forest), Mühlviertel.
Bonn, Juni 1994

41. Kruse-Graumann, L. in cooperation with Dewitz, F. v.; Nauber, J. and Trimpin, A. (Eds.): Proceedings of the EUROMAB Workshop, 23–25 January 1995, Königswinter „Societal Dimensions of Biosphere Reserves – Biosphere Reserves for People." 1995

Die „MAB-Mitteilungen" sind kostenlos zu beziehen über die
MAB-Geschäftsstelle c/o Bundesamt für Naturschutz
Konstantinstraße 110
D-53179 Bonn
Tel.: (02 28) 84 91-1 36, Fax-Nr. (02 28) 84 91-2 00

Weitere Veröffentlichungen im Rahmen des MAB-Programms:

Erdmann, K.-H. (Hrsg.): Perspektiven menschlichen Handelns: Umwelt und Ethik. – Springer Verlag Berlin-Heidelberg u.a., 2. Aufl. 1993.
Zu beziehen im Buchhandel.

Erdmann, K. H., Nauber, J.: Der deutsche Beitrag zum UNESCO-Programm „Der Mensch und die Biosphäre" (MAB) im Zeitraum Juli 1988 bis Juni 1990. Bonn 1990.
Zu beziehen über: MAB-Geschäftsstelle.

Erdmann, K.-H. u. Nauber, J.: Der deutsche Beitrag zum UNESCO-Programm „Der Mensch und die Biosphäre" (MAB) im Zeitraum Juli 1990 bis Juni 1992. Bonn 1993.
Zu beziehen über: MAB-Geschäftsstelle.

Goodland, R., Daly, H., El Serafy, S. u. Droste, B. v. (Hrsg.): Nach dem Brundtland-Bericht: Umweltverträgliche wirtschaftliche Entwicklung. Bonn, Februar 1992.
Zu beziehen über: MAB-Geschäftsstelle.

Solbrig, O.T.: Biodiversität. Wissenschaftliche Problematik und Vorschläge für die internationale Forschung. Bonn, April 1994.

Erdmann, K.-H. u. Nauber, J.: Der deutsche Beitrag zum UNESCO-Programm „Der Mensch und die Biosphäre" (MAB) im Zeitraum Juli 1992 bis Juni 1994.
(in Vorbereitung)
Zu beziehen über: MAB-Geschäftsstelle.

Ständige Arbeitsgruppe der Biospärenreservate in Deutschland: Biosphärenreservate in Deutschland. Leitlinien für Schutz, Pflege und Entwicklung. Springer Verlag, Berlin-Heidelberg 1995.

Zu beziehen im Buchhandel.

Lieferbare Hefte

Aus postalischen Gründen werden die Preise der Veröffentlichungen gesondert aufgeführt.

Im Landwirtschaftsverlag sind erschienen:

Schriftenreihe für Landschaftspflege und Naturschutz

Heft 1 = DM 12,–	Heft 20 = DM 32,–	Heft 35 = DM 12,50
Heft 2 = DM 5,–	Heft 21 = DM 24,–	Heft 36 = DM 29,–
Heft 3 = DM 12,50	Heft 23 = DM 19,–	Heft 37 = DM 26,80
Heft 4 = DM 12,–	Heft 24 = DM 69,80	Heft 38 = DM 29,80
Heft 5 = DM 7,50	Heft 26 = DM 13,–	Heft 39 = DM 29,80
Heft 6 = DM 10,–	Heft 27 = DM 18,–	Heft 40 = DM 29,80
Heft 7 = DM 6,–	Heft 29 = DM 39,80	Heft 41 = DM 29,80
Heft 8 = DM 7,50	Heft 30 = DM 29,80	Heft 42 = DM 29,80
Heft 10 = DM 15,–	Heft 31 = DM 15,–	Heft 43 = DM 39,–
Heft 13 = DM 20,–	Heft 32 = DM 29,–	Heft 44 = DM 29,80
Heft 17 = DM 27,–	Heft 33 = DM 29,80	Heft 45 = DM 27,80
Heft 18 = DM 29,80	Heft 34 = DM 24,80	

Schriftenreihe für Vegetationskunde:

Heft 6 = DM 29,–	Heft 16 = DM 22,–	Heft 23 = DM 29,–
Heft 8 = DM 9,–	Heft 17 = DM 18,–	Heft 24 = DM 10,–
Heft 10 = DM 17,50	Heft 18 = DM 15,–	Heft 25 = DM 25,–
Heft 11 = DM 17,–	Heft 20 = DM 25,–	Heft 26 = DM 49,60
Heft 14 = DM 26,–	Heft 21 = DM 29,–	Heft 27 = DM 49,80
Heft 15 = DM 45,–	Heft 22 = DM 29,–	Heft 28 = DM 39,80

Angewandte Landschaftsökologie

Heft 1 = DM 36,–	Heft 4 = DM 23,80	Heft 7 = DM 19,80
Heft 2 = DM 16,80	Heft 5 = DM 19,90	Heft 8 = DM 21,80
Heft 3 = DM 11,60	Heft 6 = DM 22,–	Heft 9 = DM 19,80

Sonstige Veröffentlichungen:

Planzeichen für die örtliche Landschaftsplanung	DM 24,80
Landschaftsplanung als Instrument umweltverträglicher Kommunalentwicklung	DM 25,–
Landschaftsbild – Eingriff – Ausgleich	DM 36,–
Landschaftsplanung als Entwicklungschance für umweltverträgliche Flächennutzungsplanung	DM 28,–
Materialien zur Situation der biologischen Vielfalt in Deutschland	DM 10,–
Materials on the Situation of biodiversity in Germany	DM 10,–
Perspektiven für den Artenschutz	DM 29,80
Untersuchungen zum Heilpflanzenhandel in Deutschland	DM 19,80

Im Kohlhammer Verlag/Deutscher Gemeindeverlag erscheinen:

Natur und Landschaft

Bezugspreis: DM 118,– jährlich (einschl. Porto und MwSt.). Für Studenten 33 % Rabatt.
Einzelheft: DM 12,50 (zuzüglich Porto und MwSt.).

Dokumentation Natur und Landschaft

Bezugspreis: DM 84,– jährlich (einschl. Porto und MwSt.). Für Studenten 33 % Rabatt.

Bibliographien, Sonderhefte der Dokumentation Natur und Landschaft:

So.-Heft 1 = DM 10,–	So.-Heft 10 = DM 12,80	So.-Heft 19 = DM 19,80
So.-Heft 2 = DM 10,–	So.-Heft 11 = DM 25,–	So.-Heft 20 = DM 19,80
So.-Heft 3 = DM 10,–	So.-Heft 12 = DM 14,80	So.-Heft 21 = DM 14,50
So.-Heft 4 = DM 10,–	So.-Heft 13 = DM 12,80	So.-Heft 22 = DM 15,–
So.-Heft 5 = DM 10,–	So.-Heft 14 = DM 17,80	So.-Heft 23 = DM 32,–
So.-Heft 6 = DM 10,–	So.-Heft 15 = DM 25,–	So.-Heft 24 = DM 22,–
So.-Heft 7 = DM 19,80	So.-Heft 16 = DM 12,80	So.-Heft 25 = DM 32,–
So.-Heft 8 = DM 12,80	So.-Heft 17 = DM 19,80	
So.-Heft 9 = DM 12,80	So.-Heft 18 = DM 19,80	

Auslieferung Schriftenreihen:
BfN-Schriftenvertrieb im Landwirtschaftsverlag GmbH
Postfach 48 02 49 · 48079 Münster
Telefon 0 25 01 / 8 01-1 17 · Telefax 0 25 01 / 8 01-2 04